U0395699

格致方法·定量研究系列　吴晓刚　主编

基于布尔代数的比较法导论

[瑞士]丹尼尔·卡拉曼尼(Daniele Caramani)著
蒋　勤 译

SAGE Publications ,Inc.

格致出版社　上海人民出版社

出版说明

由香港科技大学社会科学部吴晓刚教授主编的“格致方法·定量研究系列”丛书，精选了世界著名的SAGE出版社定量社会科学研究丛书中的35种，翻译成中文，集结成八册，于2011年出版。这八册书分别是：《线性回归分析基础》、《高级回归分析》、《广义线性模型》、《纵贯数据分析》、《因果关系模型》、《社会科学中的数理基础及应用》、《数据分析方法五种》和《列表数据分析》。这套丛书自出版以来，受到广大读者特别是年轻一代社会科学工作者的欢迎，他们针对丛书的内容和翻译都提出了很多中肯的建议。我们对此表示衷心的感谢。

基于读者的热烈反馈，同时也为了向广大读者提供更多的方便和选择，我们将该丛书以单行本的形式再次出版发行。在此过程中，主编和译者对已出版的书做了必要的修订和校正，还新增加了两个品种。此外，曾东林、许多多、范新光、李忠路协助主编参加了校订。今后我们将继续与SAGE出版社合作，陆续推出新的品种。我们希望本丛书单行本的出版能为推动国内社会科学定量研究的教学和研究作出一点贡献。

总 序

往事如烟，光阴如梭。转眼间，出国已然十年有余。1996 年赴美留学，最初选择的主攻方向是比较历史社会学，研究的兴趣是中国的制度变迁问题。以我以前在国内所受的学术训练，基本是看不上定量研究的。一方面，我们倾向于研究大问题，不喜欢纠缠于细枝末节。国内一位老师的话给我的印象很深，大致是说：如果你看到一堵墙就要倒了，还用得着纠缠于那堵墙的倾斜角度究竟是几度吗？所以，很多研究都是大而化之，只要说得通即可。另一方面，国内（十年前）的统计教学，总的来说与社会研究中的实际问题是相脱节的。结果是，很多原先对定量研究感兴趣的学生在学完统计之后，依旧无从下手，逐渐失去了对定量研究的兴趣。

我所就读的美国加州大学洛杉矶分校社会学系，在定量研究方面有着系统的博士训练课程。不论研究兴趣是定量还是定性的，所有的研究生第一年的头两个学期必须修两门中级统计课，最后一个学期的系列课程则是简单介绍线性回归以外的其他统计方法，是选修课。希望进一步学习定量研究方法的可以在第二年修读另外一个三学期的系列课程，其中头两门课叫“调查数据分析”，第三门叫“研究设计”。除此以外，还有如“定类数据分析”、“人口学方法与技术”、“事件史分析”、“多层线性模型”等专门课程供学生选修。该学校的统计系、心理系、教育系、经济系也有一批蜚声国际的学者，提供不同的、更加专业化的课程供学生选修。2001 年完成博士学业之后，我又受安德鲁·梅隆基金会资助，在世界定量社会科学研究的重镇密歇根大学从事两年的博士后研究，其间旁听谢宇教授为博士生讲授的统计课程，并参与该校社会研究院(Institute for Social Research)定量社会研究方法项目的一些讨论会，受益良多。

2003 年，我赴港工作，在香港科技大学社会科学部，教授研究生的两门核心定量方法课程。香港科技大学社会科学部自创建以来，非常重视社会科学研究方法论的训练。我开设的第一门课“社会科学里的统计学”(Statistics for Social Science)为所有研究型硕士生和博士生的必修课，而第二门课“社会科学中的定量分析”为博士生的必修课(事实上，大部分硕士生在修完第一门课后都会继续选修第二门课)。我在讲授这两门课的时候，根据社会科学研究生的数理基础比较薄弱的特点，尽量避免复杂的数学公式推导，而用具体的例子，结合语言和图形，帮助学生理解统计的基本概念和模型。课程的重点放在如何应用定量分析模型研究社会实际问题上，即社会研究者主要为定量统计方法的“消费者”而非“生产者”。作为“消费者”，学完这些课程后，我们一方面能够读懂、欣赏和评价别人在同行评议的刊物上发表的定量研究的文章；另一方面，也能在自己的研究中运用这些成熟的方法论技术。

上述两门课的内容，尽管在线性回归模型的内容上有少量重复，但各有侧重。"社会科学里的统计学"(Statistics for Social Science)从介绍最基本的社会研究方法论和统计学原理开始，到多元线性回归模型结束，内容涵盖了描述性统计的基本方法、统计推论的原理、假设检验、列联表分析、方差和协方差分析、简单线性回归模型、多元线性回归模型，以及线性回归模型的假设和模型诊断。"社会科学中的定量分析"则介绍在经典线性回归模型的假设不成立的情况下的一些模型和方法，将重点放在因变量为定类数据的分析模型上，包括两分类的 logistic 回归模型、多分类 logistic 回归模型、定序 logistic 回归模型、条件 logistic 回归模型、多维列联表的对数线性和对数乘积模型、有关删节数据的模型、纵贯数据的分析模型，包括追踪研究和事件史的分析方法。这些模型在社会科学研究中有着更加广泛的应用。

修读过这些课程的香港科技大学的研究生，一直鼓励和支持我将两门课的讲稿结集出版，并帮助我将原来的英文课程讲稿译成了中文。但是，由于种种原因，这两本书拖了四年多还没有完成。世界著名的出版社 SAGE 的"定量社会科学研究"丛书闻名遐迩，每本书都写得通俗易懂。中山大学马骏教授向格致出版社何元龙社长推荐了这套书，当格致出版社向我提出从这套丛书中精选一批翻译，以飨中文读者时，我非常支持这个想法，因为这从某种程度上弥补了我的教科书未能出版的遗憾。

翻译是一件吃力不讨好的事。不但要有对中英文两种语言的精准把握能力，还要有对实质内容有较深的理解能力，而这套丛书涵盖的又恰恰是社会科学中技术性非常强的内容，只有语言能力是远远不能胜任的。在短短的一年时间里，我们组织了来自中国内地及港台地区的二十几位研究生参与了这项工程，他们目前大部分是香港科技大学的硕士和博士研究生，受过严格的社会科学统计方法的训练，也有来自美国等地对定量研究感兴趣的博士研究生。他们是：

香港科技大学社会科学部博士研究生蒋勤、李骏、盛智明、叶华、张卓妮、郑冰岛，硕士研究生贺光烨、李兰、林毓玲、肖东亮、辛济云、於嘉、余珊珊，应用社会经济研究中心研究员李俊秀；香港大学教育学院博士研究生洪岩璧；北京大学社会学系博士研究生李丁、赵亮员；中国人民大学人口学系讲师巫锡炜；中国台湾"中央"研究院社会学所助理研究员林宗弘；南京师范大学心理学系副教授陈陈；美国北卡罗来纳大学教堂山分校社会学系博士候选人姜念涛；美国加州大学洛杉矶分校社会学系博士研究生宋曦。

关于每一位译者的学术背景，书中相关部分都有简单的介绍。尽管每本书因本身内容和译者的行文风格有所差异，校对也未免挂一漏万，术语的标准译法方面还有很大的改进空间，但所有的参与者都做了最大的努力，在繁忙的学习和研究之余，在不到一年的时间内，完成了三十五本书、超过百万字的翻译任务。李骏、叶华、张卓妮、贺光烨、宋曦、於嘉、郑冰岛和林宗弘除了承担自己的翻译任务之外，还在初稿校对方面付出了大量的劳动。香港科技大学霍英东南沙研究院的工作人员曾东林，协助我通读了全稿，在此我也致以诚挚的谢意。有些作者,如香港科技大学黄善国教授、美国约翰·霍普金斯大学郝令昕教授,也参与了审校工作。

我们希望本丛书的出版,能为建设国内社会科学定量研究的扎实学风作出一点贡献。

吴晓刚

于香港九龙清水湾

目 录

序

《基于布尔代数的比较法导论》一书以系统而又清晰的方式介绍了比较法的基础知识，并提供了应用指导。它涵盖了当今这一领域绝大部分的重要问题，是比较方法教材中最为重要的一本。作者丹尼尔·卡拉曼尼讨论了科学研究的要素，包括密尔(Mill)法、布尔代数(Boolean algebra)、分类学与类型学、必要与充分条件及其在社会科学中的应用。

本书的主要特点如下：

第一，对比较法进行了深入而全面的论述。第二，说明为何比较是所有社会科学经验研究的关键原则。第三，根据逻辑顺序组织材料，把过去50年的文献与当今最新的方法联系起来。第四，提供技术指导，包括在比较研究中使用布尔代数、“小样本”方法、“模糊集合”方法以及统计方法。

本书的目标读者是高年级的本科生和研究生以及那些对研究方法、行为科学、社会科学、历史和逻辑感兴趣的研究者，你们会发现，这是一本不可多得的好书。

廖福挺

第1章

定 义

比较既是科学的根本法则，又是日常生活的基本要素。它是一个自发的心智过程，所以，“没有比较，不成思考”(Swanson, 1971:145)。我们常常在进行比较：商店里的绳子是长还是短，明天的天气是好还是坏，衣服的尺码是大了还是小了，列车到达是早还是晚，诸如此类。简单的“人口密集”这个词就已经隐含了比较(Smelser, 1976:3)。在社会科学中，研究者比较不同城市的生活质量、不同国家的政治稳定性、不同社会群体的经济行为，还有仪式对社会凝聚力的影响等。与“分类”一起(Bailey, 1994)，比较是理解世界的关键概念化过程之一。

第1节 对象、属性与取值

"比较"最简单的定义如下：比较是两个及两个以上的对象或个案（观察单位）的属性（特性）之取值（差异单位）的并置。例如，民主化（属性）在英国（对象）较早完成（取值），而在俄国则被延误了。

若我们比较不同时期的同一对象，这一定义同样适用。意大利的选举变动率[①]在1948年和1983年分别是23.0和8.3。这里的比较对象是不同年份的选举。也就是说，比较关注的是变异，即一个变量在不同个案之间取值的差异。

首先，比较意味着描述变量。与解释和预测一样，描述是科学活动的主要任务之一。描述性比较关注两个及两个以上个案的相似与相异程度。描述性比较可以是以下几种：(1)名义的（或定类的）——属性存在与否以及属性的不同类别（例如，瑞士的选举系统是比例代表制，而英国的则是多数制）[②]；(2)定序的——比较多或少，比较时间的早或晚、快或

---

① 选举变动率有多个含义，最常见是两次选举中变换自己所支持党派的选民的比例。感兴趣的读者可参见 http://www.answers.com/topic/electoral-volatility。——译者注

② 比例代表制以每一参选组所得选票占全部票数目的百分比分配议席，而多数制的原则是"胜者全取"，即该选区得票多的党派获取该选区全部议席。——译者注

慢(例如,英国的国家形成比瑞士更早);(3)定量的(定距的或者比例的),变量取值是连续且可量化的(例如,瑞士有效党派的数量比英国多 2.92 个)。

第2节 | 比较法作为一种方法

存在于所有人类行为中的描述性比较，其内在特性导致了第一个问题：如果比较是普遍存在的心智过程（从日常生活到科学研究），那为何我们还要把它称为比较"方法"？我的回答是，比较方法比起自然的心智活动，还要多一点：它是一种分析现象及其因果关联的方法，即通过"如果……那么……"形式的陈述，利用经验证据检验因果关联的不同假设。比较法不仅是不可或缺的认知与描述工具，更是解释性的，是一项控制变异的方法（Smelser，1976：152）及建立变量间普遍性关系或"法则"的方法（Lijphart，1971：683；Sartori，1970：1035），最终，它是一项归纳推理的方法。

因此，进行比较并不只是描述变异。要进行解释，必须有变异。没有变异（不同个案之间的分数或取值的差别），就不可能进行解释。这一点适用于所有类型的比较，无论是基于大样本、通过统计（定量的）技术进行的大规模比较研究，还是基于少数个案、通过逻辑与布尔代数进行的小规模比较研究。尽管"比较法"日益等同于第二种方法（小样本），但根本原则是一致的。事实上，大部分比较方法的实践者都同意，"定量的"和"定性的"技术存在一些基本共同点。[1]

相应地，我们可以这么定义比较方法：它是一组利用经验证据，系统地检验现象之间因果关系备择(或竞争性)假设的逻辑程序，要么确证它们，要么拒绝它们。比较方法的目标是发现类似于规律的"因果律"(Skocpol，1984a：374—386)。当然，这一分析路径并不是执行比较研究的唯一方法(Peters，1998：9—11)。比较研究者还运用其他方法，比如因果诠释，但这些并非控制方法，因为它们没有利用经验证据来检验因果关系假设(Skocpol，1984a：372)。

比较法与其他方法

在此必须指出，上文的比较法定义涵盖了一些其他方法。它同样适用于实验和统计方法，而并不局限于近年来通常认为的狭义比较法，即基于密尔法和布尔代数的比较法。

这导致了第二个问题。如果说比较法与其他方法同样具有分析性特征，并且"比较"这一术语的确被涂尔干(Durkheim)和帕森斯(Parsons)应用到实验法和统计法当中，那么，比较法和其他方法的区别何在？比较法的特殊性在哪里？

有些学者依然认为，没有比较就没有科学思想(Swanson，1971：145)，且无论何种形态的研究，都不可避免是比较性的(Lasswell，1968：3；Lieberson，1985：44)。阿尔蒙德提出："如果说比较法是一种科学的话，那就没必要在政治学中强调比较法，因为不言而喻，它就是比较的。"(Almond，1966：877—878)由于比较构成了所有科学解释的核心(Armer，1973；Bailey，1982；Blalock，1961；Nagel，1961)，因此有些学者反对比较法在逻辑和认识论方面的独特性

(Grimshaw, 1973:18)。如克林曼(Klingman, 1980:124)所言,许多争论忘记了所有科学本质上都是比较的。作为认识论根本原则的控制与确证因果关系,存在于所有社会科学经验研究方法中。这一观点坚持认为,不同方法之间存在根本上的连续性。实验法之所以特殊,是因为它设法操控了变量[2],而统计方法和比较方法之间"并无明确的分界线"(Lijphart, 1975:159—160)。斯梅尔塞(Smelser, 1976)认为,比较方法是统计方法的一个近似物。弗兰德斯(Frendreis, 1983)强调,所有方法都基于共变。"比较研究"——跨国分析——经常是基于统计学的,所以比较的视角或策略并不预设独特的比较方法(Benjamin, 1977; Lijphart, 1975; Pennings、Keman & Kleinnijenhuis, 2007)。

比较研究往往依赖统计研究设计,有大量个案和定量的变量。在广义的定义方面,比较方法只不过是把统计方法应用到跨国研究设计中而已。

事实上,比较法的某些特殊性存在于其独特的研究目的中:"比较研究者对辨识宏观社会单位的共性与差异感兴趣。"(Ragin, 1987:6)其独特方面包括国家、社会与文明之间的分析比较。在过去,"比较政治学"(尤其在美国)曾经专指关于其他国家的研究。时至今日,比较经常被认为是以下两个词的同义词:(1)跨国研究;(2)把宏观社会层次变量当做个体层次研究设计的控制变量(Przeworski & Teune, 1970)。长期以来,比较都被简单地等同于有社会层面的属性出现在解释性的陈述中。这一特殊的研究目的设定了比较法的大框架,即利用一系列方法进行跨社会分析(Easthope, 1974)。

与此"实践性"的定义不同,另一定义方法指向以宏观社会单位为个案进行研究所引发的方法论后果。它强调,比较法适用于回答涉及个案数目少(小样本问题)的研究问题。除了更具方法论意蕴,这种定义还具有使研究不局限在跨社会研究设计内的优势。比较法可被应用于不同分析单位,除了地域单位,还可以是各种组织(比如,工会、党派、社会运动)和个体。然而,这一定义并未划出一条区别于其他方法的清晰界线(除了样本数量)。

那么,到底是否存在独特的比较法呢?如果所有方法"除了样本大小"外(Lijphart, 1971:684),均共享主要原则且都很相似,那为何还要谈论比较法?近年来,比较法的三个独特性得到了强调:首先,它依赖密尔三准则(Mill's first three canons),即求同法、求异法、求同求异并用法以及布尔代数来处理"性质"而非"程度"(数量)(顺便说一句,这点应能帮助我们区分"比较的"和"质性的"这两个常被混淆的术语)。其次,它基于必要与充分条件来判断因果关系。最后,其解释模型本质上是组合的或构型的[①]。

比较法与统计学

根据以上这些独特方面,可以将比较方法与统计学区别开来。通过这种分离,比较方法已不仅是把统计学应用于跨国研究,而是一种不同于统计学的方法。近年来,这一方法被识别与标注为"比较法"。很明显,在比较研究领域,统计

---

① 构型(configuration)在有机化学中,特指一个有机分子中各个原子特有的、固定的空间排列。而在本文的语境中,指的是不同条件的各种搭配方式。——译者注

学依然在大样本研究设计中得到了广泛运用。然而,另一个方法(比较法)已经发展起来:它使用不同的技术(密尔三法与布尔代数),对因果关系有不同的理解(基于必要与充分条件),并且强调自变量之间的联合性或者构造性关系(区别于纯粹的叠加性关系)。

实际上,这一新的比较法与统计学的共同点比它假定的要多。首先,统计技术也可以处理定性的、分类的、离散的、虚拟变量和二分变量数据(不光是列联表,更重要的是,它在对数线性分析、logistic 回归和 probit 模型中都可以进行分析,这些都在其他书中有专门论述,参见 Aldrich & Nelson, 1984; DeMaris, 1992; Hardy, 1993; Ishii-Kuntz, 1994; Kant Borooah, 2001; Knoke & Burke, 1980; Liao, 1994; Menard, 2001; Pampel, 2000)。其次,许多统计技术同样能够处理联合型与构造型解释模型(可以利用交互作用,在列联表中最明显,在回归中亦有体现,参见 Jaccard & Wan, 1996; Jaccard & Turrisi, 2003)。

这也意味着,常被人相提并论的"定性的"与"定量的"技术在根本原则上并无多大差别。本书关注近年来人们常说的"那种"比较法,强调了狭义比较法的优势与特殊性,即它处理有限个案及区分必要和充分条件的能力。本书集中关注这种狭义比较法的特殊性,而非那种广义比较法(基于统计分析的大规模跨国比较的比较策略)。然而,整本书依然会以大规模统计技术作为参考,以期强调比较法与统计法的共同点以及统计法在哪些方面与跨国比较相关。既然如此,让我们首先回顾一下比较法的起源。

第2章

历　史

第1节 | 比较法的逻辑起源

既然比较强调统计法和比较法的共同点与共同根源,那么回顾比较在社会科学中的角色就非常重要。对比较的反思与比较在科学研究逻辑中的角色紧密相关。比较的历史在一段时期内,与科学和逻辑是重合的。

在关于比较的争论中,有两种主要观点。首先,从笛卡尔哲学的角度来看,如果说某物是多或少、好或坏,比较就成立了。重点在于连续性的数量和程度。第二,在洛克传统中,重点是离散属性的存在或缺失。在17世纪,德国统计学派发展的这种统计学的"定性"含义,如今会被归入"比较法"中。只有黑格尔在其晚期统一了这两种含义,由此,属性的存在与缺失成为连续体的两个极限值。

对19世纪的实证思想家而言,比较意味着基于实验研究设计来建立因果关系。约翰·赫谢尔(John Herschel)在《自然哲学研究初论》(*Preliminary Discourse on the Study of Natural Philosophy*)一书中,提供了第一准则,但只有密尔的《逻辑系统》(*A System of Logic*)才提出了最著名的建立因果关系之"准则"。

求同法是指当某现象发生时,其他条件都可能成立,也可能不成立(不同个案的情况不同),而只有一个条件总是出现(所有个案的情况都相同),那就可以推断这个(总出现的)条件是现象发生的原因。求异法是指,当现象发生时,只有这一个条件成立,而当这一条件不成立时,现象就不发生。求同求异并用法结合了这两种方法。[3]而共变法是指,若某条件随某给定现象的变化按相应比例变化,那么推测两者存在因果关系。

密尔确信他的方法不能被应用于社会科学(生物学也不行),因为研究者不能控制所有变量并分离出原因。然而,在生物学中,达尔文表明密尔法非常有用,且不需控制所有变量。

在社会学中,涂尔干认为,共变法(他称之为“比较的”)是唯一不需控制所有变量的方法。这一观点是错误的(因为这一方法同样要求控制,以排除虚假相关),但这无疑推进了定量比较方法的发展。

涂尔干抛弃了离散逻辑,他更倾向于定量的测度。一些学者,如内格尔(Nagel, 1950)和拉扎斯菲尔德(Lazarsfeld, 1955; Blalock & Blalock, 1968),为社会科学提出了一个新方法,宣称定性的测度应被转化为虚拟变量(以 0 和 1 为取值)(Hempel & Oppenheim, 1948; Lazarsfeld, 1937; Lazarsfeld & Barton, 1951)。这一方法取向舍弃了使其局限于定性测度的“比较”这一术语。由此,直到 20 世纪 60 年代,“比较的”与“统计的”方法才正式分道扬镳。

然而,尽管自 20 世纪六七十年代以来,这种区别逐渐被接受(Lijphart, 1971; Smelser, 1966),但模糊地带依然存在。不过最重要的可能是,所有方法都基于密尔准则。[4]而在密尔自己的体系中,最终,所有方法都归于求异法(Mill, 1875:464—466)。[5]

第2节 比较法在早期社会科学中的应用

以上这些“比较”的不同含义及其共同点，都出现在早期社会研究中。比如，斯梅尔塞所著(Smelser，1976:4)关于托克维尔(Tocqueville)的书以及涂尔干和韦伯(Weber)对不同类型比较研究的强调。在斯梅尔塞和韦伯那里，存在一个独特的比较法；而在涂尔干那里，比较法等同于统计学。

密尔在其1840年对《美国的民主》一书所作的评论中提出，托克维尔是第一个系统地利用其方法的学者。托克维尔的策略之一是辨识两个国家的两组特征，并认为一组特征中的差异可由另一组特征中的差异来解释。例如，在英国，社会阶级之间的隔阂比法国小，从而减少了群体间冲突。而有时，他则通过比较同一个案在不同时期的取值，或增加第三个个案来强化解释力度(Smelser，1976:22—30)。这些策略都遵循了求同法和求异法。

韦伯是第一个明确区分了实验法、统计法和比较法的学者。首先，他认为，实验法只适用于心理学研究。到目前为止，社会心理学确实是社会科学中使用实验法的一个分支。第二，统计法的应用应当限于大规模现象。这尤其适用于微观社会学和人口学等分支。第三，韦伯把比较法作为大部分社会学分析的最佳方法。韦伯意义上的比较法，主要适用于宏观社会学、人类学、政治学和国际关系学。比较法比较尽可能多的事件，这些事件在大多数方面都相似，却在关键特征上存在差异。对韦伯而言，尽管发现一个决定性差异可能只是幻想，但如同密尔认为的那样，求异法最为关键，且所有其他方法均可被还原为求异法（第四种方法，“假想实验”，亦可归入这一类）。

对涂尔干而言，当实验不可行时，那就仅剩“间接比较”（即统计方法）可用了。他认为，所有的“第三变量”都需要被控制，很显然，这是不可能的，因此，他不认可求同法和求异法。他认为，只有共变法是能够建立因果关系的方法。《自杀论》就是他基于这一方法论立场的一项应用研究。

第3章

特　性

斯梅尔塞在韦伯的基础上采用了方法的三分法(实验、统计、比较)(Smelser, 1996; Smelser, 1973、1976),且使得比较法成为“建立经验命题的基本方法之一”(Lijphart, 1971:682; Jackman, 1985)。在此必须强调的是,尽管存在这种三分法,但所有方法仍是基于共同方法论原则的。此外,所有方法都涉及变量分析:(1)在现象之间建立联系(实验的或者操作的自变量和因变量);(2)其他变量被控制。[6]换句话说,在所有方法中,研究者们都使用交互表分析(Lazarsfeld, 1955:115)。

第 1 节 | 实验的、统计的与比较的方法

尽管通过三分法划分的这三种方法并不互斥，且三分法本身也受到批评，但韦伯、斯梅尔塞和利普哈特(Lijphart)等人在发展社会科学过程中广泛使用了这一方法。下面就这种分类进行简单回顾。

实验法

帕森斯指出："实验只不过是在控制条件下，生产出被比较个案的比较法。"(Parsons, 1949:743)实验法通过有意操纵变量的取值来实现控制。

实验法最显著的特征就是，它具有人为修改变量取值的可能性。另外，在某些情况下，实验最显著的特征就是随机分配被试，接受处理。这种方法在保持其他变量取值不变的情况下，通过操纵操作变量来评估因果关系。这就允许人为分离观测变量，从而取得最大化的控制。当(自)变量取不同值时，比较其结果，这是实验的核心特征。

实验研究设计在社会科学中很少见。在大部分情况下，我们不可能人为地修改现象的取值。在某些特殊领域，通过并置两组个体，准实验条件可得到满足：第一组(实验组)接

受刺激，而另一组（控制组）不接受。通过比较这两组的结果，可以检验刺激的作用。就不同学科分支而言，在社会心理学中，准实验设计很典型（例如，控制组和实验组这两组病人对药物治疗的不同反应），但准实验设计在社会科学其他领域同样得到了应用：政治学（宣传力度对两个以上不同群体选举行为的影响）、社会学（工厂中影响工作条件的各种因素，比如灯光、颜色、工间休息、工作服是否包括领带，等等）、经济学（市场化与沟通策略对不同消费者群体的影响、价格对产品评价的影响，等等）、人类学（气候变化导致的森林砍伐以及对部落内部社会行为的不同影响）。

统计研究法

当研究者不能人为操控现象使它们变动时，变异控制就依赖于调查中获得的不同个案在不同变量上的不同取值。控制与解释需要有变异才能发生。在实验法和比较法中，自变量对因变量的作用通过它们之间的相关性而建立。在实验中，研究者在自变量取值发生改变后，寻找其与因变量取值变化的相关性。在统计法中，研究者寻找个案之间两个及两个以上变量取值的相关性。

同样，通过让那些可能影响关键关系的变量取常数，使得控制“第三”变量得以实现。既然不能人为保证这些因素不变，那就把个案按照相似取值划分到不同组中。为消除年龄对教育水平与政治参与度关系的影响（年轻一代教育程度更高，同时政治参与度也与年长一代不同，这会导致教育与政治参与度两者之间的虚假相关），样本被分成不同的年龄组，并在每一个年龄组中检验教育与参与度的关系。

比较研究法

利普哈特提出："比较法不过就是在相对不利但可改进的情况下的统计方法。"（Lijphart，1975：163）这再次指向了方法之间的共同性。

首先，与其他两种方法一样，比较法同样基于变量之间的相关性。例如，布伦纳（Brenner）关于前工业化的欧洲农耕结构的文章，就利用农奴制在欧洲东部的兴盛和其在西部的衰落，来解释经济变迁的不同水平（Skocpol，1984a：381）。

其次，与实验法和统计法一样，比较法通过把个案划到具有相似变量取值的不同组中，来消除"第三"变量对关键关系的影响。

人们经常称比较法的特性在于，相对于统计法而言，它不是基于"越多……则越多……"或"越多……则越少……"这种形式的相关性，而是基于二分数据（现象发生还是不发生）。因此，它依赖密尔的归纳逻辑三准则：求同法、求异法、求同求异并用法。使用这一方法的学者宣称，比较法是一个更为稳健的方法，因为它可处理个案数量不足这种"不利情况"。必须再次指出，尽管如此，比较法与统计技术的共同性依然很强。统计学在最近这些年发展出了有效的技术来处理二分与定类变量。此外，这些方法宣称适用于那些个案数量过小而难以通过偏相关进行系统性控制的情况（Lijphart，1971：684）。但在此情况下，差异还是被夸大了。事实上，如前所述，争论只是指向比较研究的两个不同传统：一个传统基于大样本统计和定量设计，并主要应用于跨国分析；而另一传统则基于小样本逻辑与定性设计。这些区别将在下文进行讨论。

总之，在此需要强调两点。第一，尽管这三种方法已被后来的学者认为是三种独立的方法，但它们并不互斥。例如，(准)实验数据常通过统计技术进行分析。第二，统计技术经常被应用于比较的情境下，例如，社会调查数据或投票行为经常在跨国视角下进行分析。这么做并不意味着使用了一个独特方法。

第2节 | 比较的类型:大样本与小样本

有限数量的个案经常与研究问题联系在一起,这使方法和目标之间的相关性非常高。近年来,随着社会科学和数据收集技术的发展,"个案"数量增加了。这导致比较研究分化成基于统计技术的大样本"宏观分析"的比较研究和基于一些典型个案的小规模"对比取向"的比较研究(Evans-Pritchard, 1963:22; Skocpol & Somers, 1980)。在此过程中,比较分析形成了两个不同的方向。

首先,行为主义者与过去的制度的、历史的整体比较决裂,形成了以"量化"为通用语言、大规模比较、利用统计技术分析个体数据的方法。这一方法近来被称为"大样本"变量取向的研究。对全世界社会系统与西方现代化模式趋同的期望,带来了什么都是"可比的"这种想法。同时,这种通过定量指标对通用分类进行操作化,进而对不同社会进行分析的信念,随着计算机革命和大量电脑数据统计分析技术的发展,得到了加强。这类研究是"比较的",因为它们分析不同社会、文化、文明以及政治系统,但从方法论上讲,它们属于统计分析。

其次,自20世纪60年代以来,社会与政治系统的趋异而非趋同,使得学者们转向更有限的(更实际的)比较,比较同质性地区的有限个案。对社会和政治情境的重新关注意味着回归到定性的(例如,离散的、分类的、名义的和二分的)测度层次、小规模比较和历史与制度的数据(不能利用统计技术进行分析)。新技术是在密尔逻辑和布尔代数的基础上发展起来的。这一取向如今被称为"小样本"个案取向的研究,因为它更关注个案整体,而非单个变量。

大规模比较研究

关于"比较方法论"的著作与比较调查分析及多/跨国研究这两个新领域同步发展。20 世纪五六十年代,美国和欧洲组织了大量的跨国研究,这带来了国际社会科学的合作,并形成了国际性研究团队。这一发展的结果是,国家的数量(样本数)增多了,基于大量个案的研究也增多了。

大样本比较研究都基于统计研究设计。[7] 正如前面提到的,"比较的"这一名称在此不指代一个独特的方法,而更多的是指研究设计中出现了国家,国家在这里只是被当做"情境"变量,代表在解释性陈述中,民族国家或社会层面的属性。一国的宏观社会层面(因素)被当做个体层次解释性陈述的控制变量(或者说残差变量)(Przeworski & Teune, 1970; Teune & Ostrowski, 1973)。

在大规模比较研究中,比较方法作为基于统计设计的研究策略出现,而这种策略包含了大量的国家。这一广义的比较法定义强调了设计(在变量和个案数目之间的平衡、指标与数据的可比性等),而不是具体的逻辑过程。

"比较法"这一名称被用于指代一种特定技术,并不表示比较分析不可以使用统计技术。恰好相反，许多十分重要的比较研究本质上都是统计的，关于比较最有影响的一本书，正是介绍如何使用统计为比较服务的（Przeworski & Teune, 1970）。在此情况下，“比较方法”这一名称，与其说是区分出了一种独特方法，不如说在国家作为观察单位的层次上，比较法被包括在统计研究设计中，作为操作或控制变量。

统计技术，例如列联表、方差分析、因子分析、相关分析、多元回归、对数线性分析等等，常被用于比较研究（例如，跨国研究或更一般而言，跨部门研究）。本书的目的并非回顾可用于此类研究的统计技术。[8] 涉及统计设计的跨部门分析，可通过以下两种方法进行。

第一，利用个体层次个案。将个体数据（例如，社会调查数据）按照国家或者其他跨部门层次分开，然后把总体跨部门层次变量作为干预变量或控制变量（例如，某研究关注在不同国家之间的宗教派别对堕胎看法影响的差异，我们希望考察在具有不同移民整合传统的国家之间，这种关系是否依然成立）。在此例中，“国家”不如变量（作为移民整合传统类型上的得分的载体）重要。

第二，利用跨部门个案。将数据从跨部门（地域）单位那里收集而来，比如国家。同时，利用统计技术把国家本身当做个案来进行分析（只要样本够大，这完全可行）。举个例子，对 30 个 OECD（经济合作与发展组织）国家的劳工管制和失业率水平进行分析。在此例中，“国家”是重要的，因为它们代表了劳工管制和失业率水平分数的变异。

在一国之内进行的社会调查不能被认为是比较研究。

但如果这个调查覆盖了两个及两个以上国家，那在此意义上，它就成为了“比较的”研究。这不表示说它使用了独特的“比较法”，它只是在跨国语境下进行的统计设计。同样，利用150个国家定量数据进行的统计分析，或许可被认为是“比较的”，尽管它基于统计技术。在这两个案例中，我们讨论的是一种比较的视角或策略，而非一种比较方法。

小规模比较研究

相当部分的比较研究都基于一种特定方法——比较的——区别于统计方法。许多比较研究分析很少数量的个案。这与研究问题相关。在许多领域，经验个案的数目小到无法进行统计推断，“社会革命的数量太少了”(Ragin, 1987: 11)[9]，因此那些处理只有少数个案的研究问题的学者把“比较法”与大规模比较研究区别开来。这些文献提出一种独特方法。他们强调的不是研究设计，而是独特的逻辑过程，这一逻辑过程基于必要与充分条件、密尔法则以及布尔代数。大规模比较研究学者把比较法当做统计学在大规模样本研究设计中的应用，而小规模比较研究学者就把比较法当做把逻辑或布尔代数应用到少数个案中。

例如，斯考切波在她关于革命的研究中，发展出一种区别于大规模比较中使用的多元统计方法的特定比较逻辑(Skocpol, 1979: 36—37; 1984a: 378—379)。同样，拉津区分了“个案取向”方法与“变量取向”方法(Ragin, 1987; Ragin & Zarer, 1983)。“比较法”这一名称只属于个案取向方法，以求同法和求异法为代表;而变量取向方法则等同于统计方法。个案取向方法使得小样本研究可以要求一个新的方法论地位,而不再被视为“不完美”的统计设计。

深入与宽泛的研究设计

大样本与小样本比较研究设计的差异最终体现在变量和个案数量的平衡上。

如果一项研究设计关注少数个案,又有许多变量,那么,这就属于深入比较研究。而如果一项研究设计包含了少数变量,却有大量个案,那么这属于宽泛研究分析。这种深入与宽泛研究设计的对比可用下面这个数据矩阵表示:

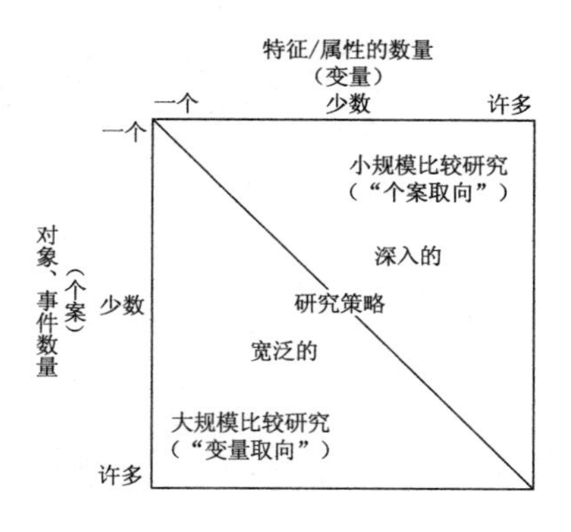

在此需要提及的是,最近有一场争论正在展开。“个案取向”方法宣称,具有统计技术不具备的几项优势:个案取向方法是一种更深入的分析类型;变量取向方法把个案拆分成变量,且个案整体的特殊构造被忽视,因此可被视为是还原论的。然而就目前来看,学界对个案取向技术是否能比多元统计技术更好地处理名义和虚拟变量(Goldthorpe, 1997a、1997b)尚未达成共识。统计技术近年来在这些方面有长足进步。而有些批评则认为,个案取向方法是历史的倒退(关于这个争论的各种观点,在第8章和结论部分有所提及)。

第4章

个案与变量

第1节｜个案的选择

分析单位

比较研究可利用尽可能多的个案。不仅如此，比较法还适用于不同类型的分析单位。比较法的应用并没有什么逻辑限制，因为逻辑程序独立于比较单位的数量与类型。

有四种主要的比较单位类型。

第一，个体单位。尽管并不常见，但比较法的确可应用于个体层次。比如，领袖研究（沟通式官员、继任者对党派凝聚力的影响、革命领袖的人格，等等）。

第二，地域（跨部门）单位。这是比较分析的“典型单位”。地理和空间单位包括各级政府：地方政府（公社、县）、省或地区、联邦单位（美国的州、德国的邦）以及民族国家。地域单位并不一定要按照客观边界或数据本身来定义，亦可由非客观属性定义。韦伯分析为何资本主义在西方而非在东方兴起时，就分析了一国内部天主教和新教地区的差异。

第三，功能单位。比较经常在群体、运动和组织间进行。这种比较关注政治党派或部落、工会、（议）院外活动集团和利益团体或家庭结构（一国之内或跨国）。比较研究设计会比较一国之内的和平主义运动和女性主义运动，或跨国的两个及两个以上党派的意识形态。功能单位也可以包括国际组织(比如,比较欧盟与北美自由贸易协定国家,比较国际货币基金组织与世界银行)、在市场分析中的消费者群体,或者人类学研究中的不同部落。

第四,时间单位。目前对时间单位而言,我们首先需要区分时点和时期(Bartolini, 1993:147—153)。举个经济学的例子,比较时点 t 和 $t+1$ 的通货膨胀就是时点间的比较。比较欧洲共同货币(欧元)引入之前和之后的通货膨胀就是时期间的比较。其次,要区分跨部门单位是客观单位还是非客观单位。客观意味着时期是由数据本身决定的,比如议会、两次党派大会之间、人口普查等等。在有些情况下,数据本身并未提供客观标准,可以根据它们在每一时期内具有的同质属性或取值进行归类。当并非所有变量都可用同一时间单位来测量时,归类就会出现问题。

时间增加了一个变异的维度。我们比较的是不同个案共享属性的取值。在趋势和纵贯数据中,每个个体或跨部门个案在不同时点或时期,每一个属性或变量都有不同的取值。时点或时期在个体和跨部门单位中用同样方法处理(Bartolini, 1993:146)。在发展的或序列的一般化理论中,“增长”就是指从一个时期到另一个时期时,变量的取值增加了。

由此,研究设计不仅可被分为大规模—小规模比较研究,还可被分为同时性和历时性(纵贯的)比较研究。同时性研究指对跨部门、功能的或个体的个案只在一个时点或时期的取值进行测量。历时性研究指对跨部门、功能的或个体的个案在不同时点或不同时期的取值均进行测量。

如上所述,一项研究设计可以是深入的(个案少而变量多)或者是宽泛的(个案多而变量少)。而这两者均可是同时性或历时性的。

时间作为变异的一个维度,常被当做增加个案数目的方法来解决“小样本问题”。人们经常这么做,以期能用统计技术进行分析。纵贯分析的优势在于,它可以在相同的情境下,控制许多属性之后再比较不同个案(Lijphart, 1971、1975)。

此类“个案延展”或“相乘样本扩充法”(Lijphart, 1975; Sigelman, 1977)是有问题的,因为这些多时点观察值不被认为是单独的个案,它们并非彼此独立。

时间:变量、历史多重共线性与扩散

进行历时性比较研究时,需注意以下三点。

首先,时间个案(观察单位)不应该与时间变量(变异单位)混淆。在历史比较研究中,这一点尤为重要。举个例子,一项研究设计的因变量是民主化的时机。按照通常对时机的操作化方式,我们区分“早”(例如,英国)和“晚”(例如,俄国)。因变量是时间性的,“早”和“晚”是其两个定序的取值。时间变量也可以是自变量。例如,有人会用工业化的先后顺序作为解释变量来解释民主化的时机(如果工业化先于民族国家出现,那么民主化就不易较早发生)。

时间变量的例子如下:

变量	取值
时机	早/晚
序列	前/后
速度	快/慢

其次,使用纵贯数据会导致历史多重共线性,因为分析单位是时点或时期(时间序列),这导致变量之间的强烈相关(Bartolini,1993:157—160;Thrupp,1970)。但这一变量间的关系是虚假的,因为实际上这是由时间变化导致的。当处理那些倾向于与时间平行变化的社会经济和政治变量时,这种风险尤其高。比如,工业革命以来,所有社会经济指标都随时间增长。正如巴尔托利尼指出的:

> 如果(自变量或因变量)随时间而变的趋势都与一个更一般过程的变化相联系,存在一个平行的现象束,且这些现象之间有内在关联,因此高度相关,那么大部分因素都与更一般过程的变动联系在一起……在这种情况下,它也与因变量联系在一起。(Bartolini, 1993:158)

因此,分析时间个案时,必须关注不同的跨部门个案与这一趋势的背离。分析趋势时,应当分析其相对趋势,就是说,相比其他个案,它发生得早或晚、快或慢。这就可把时间性和跨部门的变异结合起来。研究者可以诉诸“随时间而滑动的同时性比较”(Bartolini, 1993:159),我们必须把跨部门单位的变异加入跨时间的变异中去。“更早有……则有更快的……”这种概括暗示了除单一跨部门单位之外,还有更多的考虑(时间)。

最后,在时间发展上,无论是组织还是地域单位(例如,政治系统),社会经济和政治现象都“有时间”从一个个案扩散到另一个。这导致(不同个案间)变量的取值随时间流逝而趋同。因此,跨部门个案也不完全是相互独立的。

选择性偏差

选择性偏差来源于从大样本中抽取部分样本进行分析。存在两种偏差(Geddes, 1990)。

首先,有偏推论。这种偏差来自“不根据随机原则,而往往根据结果选取用于形成推论的样本,这便不具备统计学意义上的总体代表性”(Collier, 1995:462)。我们不能把根据一个子样本得到的结论推广到总体中。这是一般化问题(外部有效性)。

其次,有偏因果关系。这种偏差起源于使用不同的样本会导致不同的因果关系的结论:个案不同,结论就不同。个案在因变量分布的一端被过度代表,而在另一端则被“删截”。“据因变量而选择”指在因变量上取值的分布有偏,导致样本的因变量分布不对称(例如,只选取那些政治稳定性分数较高的国家)。这是设定问题(内部有效性)。

在比较分析中,选择性偏差有五种潜在原因。

第一,研究设计。研究设计涉及样本的个案选择。如果研究者研究所有个案,那就不存在选择性偏差。严格而言,研究者不只是在“选择”,有些分类,如“第三世界”或“工业化国家”,从来就不是完全客观的,而是包含理论建构的。

就跨部门个案而言,最常见的选择性偏差是选择那些成功的个案,即排除了“反例”(参见下面第四点)。例如,在一个关于选举改革的研究中,研究者只考虑那些选举制度发生了变化的国家,如从比例代表制转到多数制或者相反。这种偏差最极端的形式是,因变量只有一个取值(King、Keohane &

Verba,1994:130)。选择性偏差也可以影响时间单位,如我们可能从很长的时间序列中武断地选取特定时点。分析者常常会选择那些变量取值达到高点或低点的时点。在这种情况下,变异范围被删截了。最常见的偏差是只关注时间序列的终点,如选取较近时期将高估最近变化的影响(Collier & Mahoney, 1996; Geddes, 1990:146—147)。

比较法有时利用密尔求同法来建立因果关系,此时,这种选择性偏差就会很关键。在求同法中,个案在大量的属性方面有差异,有时甚至是反事实的(Collier, 1995; Fearon, 1991; Peters, 1998:72),而研究者会根据结果是否正面来选择个案(例如,事件发生)。这正是"根据因变量进行选择"(大部分个案都在因变量上取值相同)。如格迪斯所强调的,如果不把因变量取值不同的反例纳入分析,"我们根本不能判断我们发现的那些重要因素是否真的是重要前提"(Geddes, 1990:132)。正如下面讨论的,在此情况下,只能建立必要条件,而不能建立充分条件。

第二,历史偶然性。历史偶然性问题关注普遍性。总体本身在因变量上会进行"自我选择"。即使我们纳入所有现存个案,如国家,它也不能回避选择性偏差问题。真实世界中所有个案都有偏,它们都是"自然的"或"历史偶然的"结果,这意味着可选择个案由于社会过程的作用而产生偏差。

历史偶然性导致了"自我选择"的个案。选择一个国际组织的成员国(经济合作与发展组织或欧洲联盟)隐含了这些组织中的个案都是"自我选择"的,因为它们都加入了这个组织(Ebbinghaus, 2005)。更激进的看法是,在分析民族国家时,一开始就有偏差。我们只把那些在自然和历史选择过程中“存活”的政治单位作为分析单位(Tilly, 1975a:15)。如果因变量是国家形成,那么只有成功个案而无失败个案(例如,那些“消失”了的国家)。

拉津把历史偶然性带来的问题称为“有限差异或多样性”(Ragin, 1987:25—27、104—113),即个案的取值不能涵盖全部可能的理论取值范围,历史不能提供所有可能的组合。例如,在发达工业化经济体中,所有新教国家都较早地实现了民主化。由此,历史偶然性对根据样本推论总体的行为有重要影响。作为一项基本原则,选取样本的标准必须与因变量无关。然而,如果在某特定时点上,总体只包括那些经过“历史”或“自然”选择的个案,那么随机样本也是“据因变量选择”的。如格迪斯所言,不能通过考察那些在18世纪存活的民族国家来评估军事创新对国家形成的影响,因为所有存活的国家都有那些创新(Geddes, 1990:135)。

第三,“高尔顿问题”。首先介绍一下这一问题,它源于19世纪博学的人类学家弗朗西斯·高尔顿(Francis Galton)批评爱德华·泰勒(Edward Tylor)的一篇比较研究的文章,这篇文章讲的是跨部门个案的两个二分变量之间的相关性。高尔顿批评说,这不过是个案间扩散的结果,而非变量间因果关系的产物。这是扩散的产物,而非功能的联系。

从操作角度讲,扩散确实是相关变量间关联的一个影响因素(Smelser, 1976:212)。扩散过程作用的存在,使得功能联系成为虚假相关(Lijphart, 1975:171)。从统计上讲,个案间的扩散或传播过程违反了分析单位相互独立的假设。分析单位,无论是组织还是地域单位,都并非孤立的。时间性发展则是现象从一个个案传到另一个。这或许就解释了变量取值随时间变化的趋同现象。[10]

大部分单位都是受制于外部影响的开放系统:(1)模仿、借用,并从他人的实践中得到经验(Ross & Homer, 1976);(2)当它们属于某个外部整合性组织时,它们会进行交换或协调;(3)有时会受到征服、殖民、经济依赖等因素的限制(Moul, 1974);(4)"社会裂变",即从共同的原初系统中迁移或者分裂出来(Strauss & Orans, 1975)。这里存在的风险是最终样本数为1。普沃斯基和特恩(Przeworski & Teune, 1970)问道:"我们观察到了多少个独立事件?如果一个系统中的相似性只是扩散的结果,那么只有一个独立观察值。"(Przeworski & Teune, 1970:52)而自由度则为0。因此,"如果研究单位不是独立的……那么,研究它两遍并不会带来新信息……而把它计算两次也不能带来额外的确证"(Zelditch, 1971:282—283)。

这一问题随着跨国化进程、交通的改善、信息的传播、交换的加速而变得更为严重。"在一个相互依赖的世界里,比较社会科学家开始意识到,社会现象不是孤立与自足的,而会受到其他国家发生的国内事件的影响。"(Klingman, 1980:123)世界在变小,因此这个问题比过去更严重了。比如,我们可以合理地假设,不同国家的福利国家制度的发展受到了扩散过程的影响(Collier & Messick, 1975)。蒂利(Tilly, 1984)就批评罗坎(Rokkan)模型,指出他未能真正分析国家之间的互动。

第四,谈一下解决方案。这里有两个极端。一个极端是"有条件地投降"(Sztompka, 1988)。整个世界都是一个个案,研究应当局限于关注抵抗全球化的那些"独特性"。另一个极端拒绝夸大这个问题(Blaut, 1977)。"半扩散"这一术语(对应超扩散)表明:(1)某些社会对外部影响的抵抗力更强(因为选择性接纳、文化抵制、不习惯创新);(2)扩散只存在于某些领域(例如,货币政策)而不存在于另一些领域(一个国家的民族构成)。

在这两个极端之间,有以下四种解决方案。

其一,跨部门抽样。大部分解决方案试图"控制"选择个案过程中变量的"扩散"(Naroll, 1961、1964、1965、1968; Naroll & D'Andrade, 1963; Wellhofer, 1989)。在最先遇到高尔顿问题的人类学中,解决方案是选择那些并无联系的国家,那么扩散就不太可能发生。这实际上等同于"差异最大设计"(MDSD)。尽量在不同的情境下选择个案,个案的选择仍保证了它们的相互独立性。但这在当代工业化社会中依然是有问题的(Moul, 1974; Peters, 1998:41—43)。

其二,评估扩散可能性。这一方案建议通过"扩散可能性矩阵"来检测相互依赖(Pryor, 1976),包括社会之间潜在扩散的度量。这些度量基于语言相似性和地理接近性等因素(Ross & Homer, 1976)。扩散可能性矩阵提供了作为控制因素的情境变量。同样,还有人使用国际依赖度指标(例如,贸易构成指标)。

其三,时间序列分析。对有些人来说,高尔顿问题是个案间的统计相依性。要解决这个问题,只需把扩散过程也纳入分析,即在回归分析中对相互依赖建立模型(Goldthorpe, 2000:56; Klingman, 1980)。时间序列分析可整合跨系统的扩散效应,即因变量在不同系统间的空间扩散性。当然,这并不适用于小样本设计。

其四,选择反例。有偏结果也可能发生在选择反例的过程中。直到最近，这一问题才得到应有的重视。研究者应该如何决定一个反例，即“未发生事件”？“何时何地会有‘非社会革命’发生？”(Mahoney & Goertz, 2004:653)反例之所以重要，有两个原因：第一，它们影响了正面案例和反面案例的频数分布，这使得要么正面的，要么反面的个案更加“少见”；第二，选取不同的个案，会导致对原因的分析不同。纳入或者排斥某些个案会影响结果，因为个案往往具有不同的取值(内部有效性)。

我们要么把这个案当做反例(未发生革命，没有战争)，要么把它当做无关的。反例是分析样本的一部分。而无关个案则并非研究事例。如果要考察第二次世界大战期间，各国加入同盟国的影响因素，那么应该将瑞士作为未加入的个案(反例)，而把玻利维亚当做无关个案。把无关个案纳入分析会额外增加总体的反例数量，从而导致反例被过度代表。相反，如果太多的反例被排除在分析之外，那会导致正面案例过度代表问题，这同样是偏差的来源之一。

如何确定个案是反面案例还是无关案例？“可能性原则”提供了一个参考。根据这一原则，“只有那些结果是可能发生的个案才被归入反例。那些根本不可能发生的个案应当被归为无效信息，被列为无关个案”(Mahoney & Goertz, 2004:653)。

斯考切波同样建议，除了在因变量上有差异，反例应当与正例在各方面尽可能地相似(Skocpol, 1984a)。同样，拉津认为，“反例应当在尽量多的方面与正例相似，尤其是在与正例展现出来的共同点上”(Ragin, 2000:60)。而“可能性原则”把以上观点正式化了(Mahoney & Goertz, 2004:657—658)。可能性原则指选择那些有可能发生的反例。纳入原则指如果个案取值在至少一个自变量上与关键结果正相关，那么，它就是相关变量。排除原则指如果个案任何自变量的取值都预测关键结果不发生，那么，这些个案就是无关个案。这一原则应该在纳入原则之前执行。

第五，对历史来源的“有偏”选择。最后，不准确地使用“作为数据库的历史”来检验假设，同样会导致选择性偏差。问题在于二手历史数据的选择。比较政治社会学依赖历史学家的数据工作，因为他们使得“过去事件已可直接编码”(Lustick, 1996:605)。然而，在比较历史社会学家那里，对于如何使用二手经验证据并无共识(Skocpol, 1984a:382)。

历史数据在过去的事件上隐含内在的理论。研究者面对这种风险会倾向于选择这样的数据来源：在其中总能发现那些与其理论或分类“合拍”从而对他们最有用的事件。这种风险的实质是把研究者的“理解”当做“事实”来解释历史事件与过程。在许多情况下，社会学家“享受那种在历史的糖果店里‘精挑细选’的愉悦与自由”(Goldthorpe, 1991: 225; Goldthorpe, 1994)。

关于“什么是历史事实”的争吵是一个老问题(Carl Becker, 1926)，主要争论它们是被发现的还是被建构的，是客观的还是主观的。韦伯和利奥波德·冯·兰克(Leopold von Ranke)提出一个“科学”分析历史文献和档案的方法。这在第二次世界大战后的法国社会史学的年鉴学派那里得到了继承。

解决历史数据有偏性的方法只有依靠自觉和严谨的态度，把选择特定类型数据的理论选择明确提出来，且尽可能放宽理论选择的范围，以避免任何偏差，尤其是要对不同数据来源之间的重合地带进行识别(Lustick, 1996:613—616)。

第2节 | 变量与属性空间

测度的层级

测度层级在社会科学中主要被分为:(1)名义的、二分的或者定类的变量(例如,不同类型的家庭结构:核心家庭、无子女家庭、单亲家庭、扩大家庭等等);(2)定序变量(例如,国家的国际角色:强、有影响、弱、不显著);(3)间距或比例变量(例如,国民生产总值及人均国民生产总值、年龄、工资、党员身份等等)。前两个层级的测度常被称为"定性的",而第三个测度则被认为是"定量的"。第三个层级测度不仅允许我们建立个案间的"多或少",还允许比较它们的"多多少"。

大规模研究设计涉及大量个案,且定量的变量最适于使用统计方法来处理。当然,统计方法也可以处理名义的、二分的、定类的变量,只要个案数目够大。然而,如果定量变量的个案数目有限,那么定量变量之间的关系也是有问题的。正因如此,有时,定量变量被降格为多分类变量(两类就是二分变量或更多类别),从而可以应用密尔法和布尔代数。这同样适用于名义或定类变量。同时,在有些情况下,我们对某一因素是不是另一现象发生的充分或必要条件更感兴趣。在此情况下,密尔法和布尔代数都更有用。这要求测度的层级被改变，即降格为二分变量，亦即二元的（取值为 0 或 1），1 表示某给定属性成立，而 0 表示不成立。属性的成立与不成立遵循定性和离散的逻辑，而非根据程度和大小的定量/连续的逻辑。

把定量或定序变量降格成定类层次有两个主要问题。首先，在把间距或比例变量（比如，人均国民生产总值）转化成多分类变量时，存在信息丢失。从下表中，我们看不出西班牙、意大利和希腊的具体差别是多少（事实上，分别接近15000美元、18000美元和12000美元）。其次，为建立分类，研究者需选择临界点，而这一选择对要检验的关系有重大影响（参见上文对偏差的讨论，并参见本书第 7 章对临界点的讨论）。

国　家	人均国民生产总值水平（$）			
	0—10000	10000——20000	20000—30000	30000—45000
西班牙	0	1	0	0
意大利	0	1	0	0
希　腊	0	1	0	0

相反，对定序变量而言，并没有信息丢失。对每一个类别（比如，国家影响力水平）而言，在每一个国际影响力的水平上，每一个案都被赋值为 0 或 1。

国家（个案）	国际角色			
	强	有影响	弱	不显著
冰岛	0	0	0	1
美国	1	0	0	0
俄国	0	1	0	0

小样本设计使用这种形式的数据，并用密尔法和布尔代数来检验诸如“强国际角色”存在与否或处于国民生产总值

四个类别中的哪一类，是否代表了某个现象发生与否的必要或充分条件。

过度决定与“自由度”

如上所述，许多“比较的”分析面临的问题是样本数量少，同时变量数目太多。这一“变量太多，样本太小”问题(Barton, 1955; Lijphart, 1971)，意味着可用于检验潜在相关变量的个案过少，也就是存在过度决定或缺乏“自由度”问题(Campbell, 1975)。[11]

有两个主要方法可解决“变量太多，样本太小”的问题。

方法之一是增加样本的数量。利普哈特提出了这一点，同时他又注意到个案越多，属性空间就越大(变量数量越多)(Lijphart, 1971)。这就是比较研究中的著名悖论：增加个案数量的同时，带来了更大的属性空间，从而导致需要再纳入更多个案来弥补属性空间的增大所带来的麻烦。

方法之二是降低变量数量。这一研究设计在降低理论上相关的变量数量方面起了重要作用(King, Keohane & Verba, 1994、1995:119—120)。[12]

另外三种方法是：(1)关注相似个案。选择那些在尽可能多的重要属性上取值相似的个案，这样就可以控制大量的变量(这些变量都被排除出分析)①。降低变异的范围意味着控制，进而排除变量。而增加总的控制变量数量，就降低了出现在解释模型中操作变量的数量(因变量和自变量)。然

① 如果相似个案在很多自变量上取值相同，即不起作用，那就自然被排除。——译者注

而，选择相似个案的副作用是降低个案数量。这是悖论的另一个方面：相似的个案总是少于相异的个案（Lijphart，1971：687）。（2）关注“关键”变量。这一解决方法采用简洁的解释模型，利用尽可能少的自变量。而哪些“关键”变量必须被纳入模型，又是研究者主观决定的。比较法与其他方法一样，只有当个案数量允许时，才能承受引入大量变量。（3）合并变量。在“因子分析”视角下，可根据其内在属性，把两个及两个以上的变量合并成一个变量，从而减少变量的数量。

第5章

控　制

这一章主要处理两个相关议题。首先讨论个案的可比性。其次讨论如何降低和消除“第三”变量对自变量和因变量关系的可能影响，即研究者希望控制的那些变量的影响。分类与分组处理同时涉及这两个事项，因此，我把它们放在一起，单独作为一章处理。

第1节 | 可比性:比较的界限

比较研究者经常遇到的问题是,什么是以及什么不是比较。与此相关的是比较的界限以及使个案可比的策略。

比较有无逻辑界限?是否有些事物“过于不同”以致不可比,从而不能被纳入同一研究设计中?或者正相反,“所有事物都是可比的”?是否可以比较美国的总统选举和亚马逊丛林中部落首领的选举?可比性这一问题具有重要意义。有一派历史学方法试图把所有现象当做独特的。这假定的“独特性”使得事件不可比。由此演化出来的比较方法有时采取“种族中心主义”的立场,即认为在既定社会/时点框架下发展出来的概念并不适用于其他个案,关于特定社会的知识并不能应用于其他社会。

正如第1章的定义,使用比较法时,我们并不直接比较两个及两个以上的个案。我们比较的是从每个个案中抽取的共同属性的取值。让我们举一些社会科学不同分支领域的陈述为例:城郊的犯罪率比市中心高;新政府的福利政策比上届政府的更受限制;巴西的选举系统比阿根廷的更偏向比例制。

首先,每条陈述都有两个对象(个案):城市地区(城郊与市中心)、政府(新政府与上届政府)、选举系统(巴西的与阿根廷的)。其次,每条陈述都有各对象共享的一条属性:犯罪率、福利政策、选举系统比例制水平。

在第一个例子中,我们比较的是城郊和市中心的犯罪率(被操作化为报警的犯罪案件数量)。在第二个例子中,福利政策的"慷慨性"可以通过保健福利金、养老金、失业救济等来测量。在第三个例子中,我们没有直接比较选举系统,而是比较它们的代表比例。巴西的加拉赫最小二乘非比例指标是 3.7,而阿根廷则是 13.5。因此,巴西的选举系统确实比阿根廷的更偏向比例制。

因此,可比性问题是一个共享属性的问题。我们比较的其实是个案在一些共享属性上的取值。从方法论角度讲,比较并无界限,确实是可以比较美国总统和部落酋长的任期长短。前者是四年(可连任一次),后者是终身制。还可以比较它们的选拔:是通过选举还是根据出身。当比较共同属性取值时(任期、选举方法),测度层级可以是名义的、定序的,或定量的。在比较福利慷慨性时,取值就是定量的;在比较国家首脑的选拔时,取值就是名义变量。

第2节 | 分类处理

由此，个案间的可比性通过共享一些属性或性质而实现。如果个案A，B，…，N均有属性X，则其取值(0、1、2等等)就是可比的。可比性可通过找到个案之间的“公分母”而实现。正如萨托利指出的，“比较就是‘同化’，即在表面差异之外发现更深或更根本的共同点”(Sartori，1970:1035)。

逻辑控制过程的第一步是概念化，即通过定义经验普遍性使个案可比(Sartori，1970、1984a、1991)。经验普遍性是定义那些被比较个案共有属性的概念或者分类。通过“用变量替代个案名字”，就可以把单个的历史观测值变成可比的个案(Przeworski & Teune，1970:25；Collier，1991a、1991b)。

这说明，为何纯粹的“个案取向”方法不可持续。比较隐含了用变量思考、属性和性质。如果这一步缺失了，那么比较就不可能：“整体论导致了一个清晰且直接的矛盾：只有不可比的是可比的。”(Zeldtich，1971:276)如巴尔托利尼提出的那样，“个案不能作为‘整体’进行比较，只有识别共同属性，比较才有可能”(Bartolini，1993:137；Goldthorpe，1997a:2—4)。

所谓的“变量取向”和“个案取向”方法，前者主要依赖统计学和大样本设计，而后者依赖密尔法、布尔代数和小样本设计。但事实上，它们都植根于变量，并对变量分析感兴趣。

这也再次强调了两个比较传统的相似性。

分类与类型化

分类允许我们确定哪些个案是可比的(可比意味着享有共同属性)(Kalleberg, 1966)。通过确定哪些是相似的,哪些属于同一群体或阶级,我们可以确定个案是否共享一种属性,从而确定它们是否可比。

第一,等价。可比意味着事物共享某些性质(选举结果、有灵论者的仪式),即属于同一个类别的个案。如果研究议会的选举结果,我们必须首先确定哪些国家该被纳入而哪些不应该。如果研究有灵论仪式,我们必须确定哪些国家有有灵论仪式,而哪些国家没有。可比就是某些事物有一定程度的相似性,它们就都属于由某共享属性所界定的群体。为作出明确区分,我们必须清楚地定义“选举结果”和“有灵论仪式”。概念或类别必须对所有纳入比较的个案具有相同含义。[13]类别必须是等价的(van Deth, 1998)。比如,“选举结果”指的是自由的、周期性的、正确的、通过全民投票选举议会的选举,且这种议会由一个以上党派参加并提名候选人,且有多种的信息来源。[14]

在考察属性成立与否之前,或在按某些变量对个案排序及对其进行测量之前,我们“必须形成那个变量的概念”(Lazarsfeld & Barton, 1951:155)。概念或类别绝不能是模糊的,即它们必须总能指明它们指向的是哪些经验事实。我们总是应该明确地陈述概念的经验指示物:“选举结果,我们指的是一系列的经验指示物。”只有这样,才能说某个个案是否真的是选举个案。换句话说,只有通过明确的概念,我们才能确定这些个案是否共享同样的属性，进而最终建立它们的可比性。如果这一概念或类别的含义是精确的，则其识别能力就得到了加强，即它可依据精确的边界，把一系列的个案归入各个类别中去。这对数据收集有重大的影响。概念和类别是“数据容器”，为增加它们的辨别效力，其定义必须能明确指示哪些个案可归入某类。只有当“政治暴力”这一概念在智利和加拿大具有相同含义时，我们才能比较两国的政治暴力水平。如果在智利，政治暴力的经验指示物是杀人、绑架和街头暴力，而在加拿大则指的是静坐抗议、示威运动和对政治领袖的口头攻击，那么这两个个案是不能比较的。

第二，分类逻辑。分类是概念形成过程中最重要的程序：“它是科学中概念形成最基本的方式。如果没有分类，那么，无论是比较，还是精确地测量，都不可能实现……只有作出分类后，才能进行比较。”(Kalleberg, 1966:73、75)“简言之，被比较的两个对象必须属于同一个类别——它们或具有或没有某种属性。当且仅当它们具有这种属性，它们才能被比较，我们才能判断它们之中哪个的属性多一点或少一点。”(Kalleberg, 1996:76)

依照贝利的定义，分类是一个一般性过程，也是结果，把个案按照相似性进行归类。在建立群或类时，我们希望最小化组内差异，同时最大化组间差异。相似性因素定义了哪些对象属于同一个类别(属)，差异性因素则定义了如何区分这些类别(种、亚种)[①]。

对概念的分类操作有三个基本原则：(1)分类维度。分类需

① 属(genus)和种(species)是生物学分类法中的两个级别。——译者注

根据外在标准来设置组别。各组别可按单一维度或属性(单维度),或根据多个维度(多维度)划分。“类型学”这一术语指的是多维度分类,其中,各个类别根据概念而非经验(分类学)进行区分。(2)互斥性。每个项目(个案)只能对应一个类别。不能有任何个案同时属于两个以上类别。如果分类由一组互斥类别组成,那就不至于重合。(3)穷尽性。每个个案都必须被归入某一类别,不能有任何个案无法归类。如果类别是穷尽性的,那么每个个案都会落在某个变量的一类中。问题是,如果每个个案都需要有一个类别,那么会有太多类别。为了避免这种情况,有时,我们会设置一个“无”或“其他”这样的类。[15]

小样本比较研究的特性之一就是更广泛地使用分类法。它在比较法中的确非常关键。然而,分类法在其他方法中同样重要,尤其在基于定量变量和统计技术的大规模比较中。

分类法先于统计学,而非外在于统计学。概念形成指向的差别更多是性质的,而非程度的(Sartori, 1970:1036)。由一般到具体的分类学等级,直接触及了类别从属关系和分类原则。因此,定量逻辑的分类法是从顺序和性质那里发展而来的。等级逻辑属于分类学。在能够使用“大于”(>)和“小于”(<)等符号之前,我们必须建立“等于”(=)和“不等于”(≠)。因此,可比性就是一个“什么”的问题,一个定性的问题,不能被“顺序”或“大小”取代。

概括的层级

首先,我们来谈论一下概念扭曲。如果概念可以“跨情境”,那么,它们就可应用于大量可比较个案。然而,不是所有的概念和类别都适于跨情境。有些在特定地域、文化和社会经济情境下发展起来的概念应用于“新”个案时，它们不一定有意义。在跨国研究中，这一问题尤为突出。“西方的概念”在世界其他地区可能具有不同的含义。萨托利所说的“适用性问题”(Sartori, 1970:1033)与“政治的扩张”紧密联系，即自20世纪60年代以来，社会政治事件客观数量的增长和人们对政治事件主观兴趣的增长。

当概念和类别被应用到那些不同于最初催生概念和类别的个案的新个案时，适用性问题就出现了。对此问题，一个常用却不完满的解决方案是“概念扭曲”(Hempel, 1952; Peters, 1998:86—93; Sartori, 1970)。概念扭曲指的是通过扭曲概念来使它们适用于新个案。有时，为一组个案而发展出来的类别被扩展应用到额外的个案中，而这些新个案是如此不同，以致这一分类的最初形式已经不再合适了，此时，概念扭曲就发生了(Collier & Mahon, 1993)。

然后，我们来看一下抽象性的阶梯。如何避免概念扭曲？首先，比较研究应依赖经验普遍性，或者说观察性概念，即从经验观察而非理论概念(比如，“系统”、“反馈”或“均衡”)中进行抽象性推论。这些概念没有经验指示物，它们不可能被操作化，即不可被测量。其次，如果想增加个案的数量，又要避免概念扭曲，我们就必须减少经验概念的特征和属性。这可以通过攀爬所谓的“抽象性的阶梯”(Sartori, 1970:1041; 1984a:24)或“普遍性的阶梯”来完成(Collier & Mahon, 1993)。在一个想象的尺度上，经验概念可被放置在不同层级。它们在阶梯上的垂直位置取决于概念深度与广度之间的关系。

“外延”这类术语指代概念或分类指涉的那组对象、现象、事件或实在。一个概念的外延指的是它所适用的那类“事物”。“内涵”这一术语指代一个概念或分类的属性、性质或特征。它们定义了类别，因此决定了个案的归属。一个概念的内涵是决定其适用于哪些“事物”的一组属性。

外延和内涵的关系遵从“反向变动”法则，即概念的内涵越深，根据这一概念属性定义为属于这一类别的“事物”就越受限制(Collier & Mahon, 1993)。换句话说，一个概念的特征名单越长且越丰富，这一概念适用的对象就越受限制。相反，一个概念的属性和性质的特殊性越小，那么，这一概念就可指涉更多的“事物”(存在、对象、事件)。

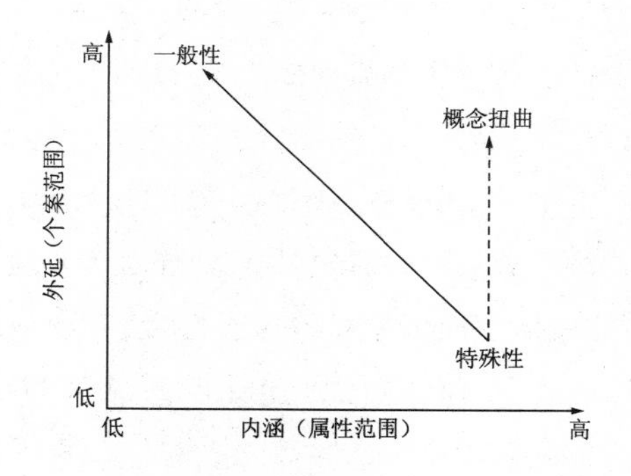

既然“选拔”这一属性同时适用于德国和美国，那么，比较两国行政长官的选拔就是可能的。这两个个案共享一种属性，因此是可比的。然而，由于德国行政长官是由议会提名，而非选举产生的，就不能比较这两国行政长官的“选举”。

“行政长官选拔”这一有限内涵的概念并未指定属性，因而适用于很多个案。相反，一个更深的内涵，即限定更多属性——比如，“选民直选”——就排除了大量的个案，因为在这些个案中，行政长官或由议会提名(如大部分欧洲民主国家)，或由选举团间接选举出来(如美国)。

有两种方法可在抽象阶梯上往上爬。一种是扩大概念的外延(减少属性或性质)，这么做会带来更大的类别，使分化更少，但有清晰界限和区分能力。这是正确的方法。另外一种是“概念扭曲”，扩大外延但不减少内涵。外延通过模糊概念之间界限的方式获得了扩大(Sartori, 1970:1041)。

家族相似性与向心分类

在离散分类法中，个案属于或不属于一个类别：它们或具有或不具有一种属性(Kalleberg, 1966:76)。正如萨托利指出的，属性的正面识别在实践中会过于严苛。他对此问题的答案是，当一个概念的精确属性无法确定时，就必须清楚申明这一概念不是什么，即属性的反面识别(Sartori, 1970)。有人提出了解决离散边界问题的另外两种解决方案：家族相似性和向心分类(Collier & Mahon, 1993)。[16]

家族相似性(首先由语言哲学家维特根斯坦提出)基于这样的原则：如果不存在某类个案共享的单一属性，那么，研究者应当纳入那些在某种程度上享有这种属性的个案。举个例子，可这样定义“民主”：(1)普选权(政治权力)；(2)新闻自由、结社自由、信仰自由、个人保护(民事权力)；(3)自由的、周期性的、正确的选举；(4)行政长官对议会负责；(5)独立司法。

如果比较19世纪晚期的英国、法国、德国和比利时，我们会发现，并非所有个案都共享“民主”这一属性。英国没有普选权，法国司法不独立，德国政府不能被议会罢免。根据经典的分类，只有比利时能被归入“民主”这类。

家族相似性这一想法考虑到属性在一定程度上由所有个案共享。原型类别(民主)是一个分析性的建构，并具有启发式的有效性。马克斯·韦伯的理想类型法通过分析来定义，而非由观察到的经验个案的共享属性来定义(Burger，1976)。真实的个案与理想类型在一定程度上共享其属性，这意味着属性设定了个案之间的“变动范围”。这一方法的优势在于，研究者不会因为界限的严格而舍弃一些个案。

向心分类(最初由认知科学家勒考夫提出)同样依赖属性在个案之间的变动范围。

首先有一个原型或理想类型，代表了完美的、完整的个案，这是“主要亚类”。而“次要亚类”则是其变异。次要亚类不包括主要亚类的所有属性。当主要亚类的组成因素被一个接一个拿走或者换成不同组合(但不完整)时，非中心亚类就产生了。它不同于经典分类法，因为经典分类法有一个累进式区分，“属”比“种”高一级，高级类和低级类的各个类别通过引入更多不同属性(种差)，使各自得以区分[①]。而在向心分类法中，“主要亚类”比“次要亚类”具有更少的属性。

这些分类策略为我们建构类别提供了不同的解决方案。这对可比性是有影响的，即影响我们把哪些个案纳入分析。

---

① 经典分类法根据“属加种差”下定义。种差本身也是属性，用种差去限制属的概念就构成了定义项。比如，“货币就是固定地充当一般等价物的商品”。商品就是属，而货币是种，“固定充当一般等价物”就是种差。种差不同，就可以定义不同的亚种。——译者注

第3节 | 控制与研究设计

前面讨论了分类法和分类学操作对可比性的重要意义，其实分类法还有第二个重要角色。分类法帮助控制变量(Smelser，1976:167—174)。这两个角色不应被混淆。可比性关注个案，而控制关注变量。一旦确认可比性，分类法就被用于排除那些干扰研究者想得到的变量关系的变量——这是降低不必要变异的过程。

匹配与随机化

经验研究基于现象(或它们被操作化之后的变量)之间的因果关系假设。通过检验经验证据，假设或被确证或被拒绝。假设的经验验证隐含两个不同但相关的方面：决定现象之间的关联，即原因和结果的关系(用操作化术语来说，即自变量和因变量之间的关系)；从其他变量中，分离出每一个操作变量独立的因果作用。

在不同的检验阶段，同一变量可作为实验变量，也可作为控制变量，这取决于它是否被“允许”变动。

通过把自变量转化为控制变量，或者反过来(当然这些变量都必须被认为是相关的)，调查者能够从中获得信心、给出解释、完善理论观点、增强解释力。对所有类型的研究而言，哪些变量应当被控制，完全是研究者基于过往知识或新见解所作出的决定。

变量的控制可以通过以下方式进行。

第一，随机化（通过差异最大设计进行控制）。通过随机化，差异被排除了：如果同一现象可以在不同情境下（不同的变量及组合）发生，那么，这些情境的差异就对其现象发生没有影响，因此是无关的。这与差异最大设计很相似，与求同法也很相似。差异最大设计法消除了那些取值随个案而变的“第三变量”。

第二，匹配（通过差异最小设计进行控制）。匹配把相似性排除了：因变量的某种变化不可能由在所有个案中都保持不变的因素引起。通过匹配，第三变量的影响被排除了，它们被转化成常数项，因此不代表差异来源。这相当于差异最小设计法和求异法。差异最小设计法消除了那些在个案之间保持不变的“第三变量”的影响。

进行随机化意味着选择那些覆盖了某一属性整个取值范围的个案。随机样本保证了总体中每个个案都有平等的抽中机会，增强了我们进行推论的信心。随机过程在依赖大量个案的统计方法中很典型。进行匹配（有时被称为样本抽样的“参数化”、“标准化”或“分层化”）意味着把变量转化成常数，使其不再变动，从而令它们的影响被排除，自变量和因变量之间的关系也得以分离。

需要指出的是，无论是随机化还是匹配，控制不必要变异来源（“第三变量”）的技术都依赖个案选择程序，即最终依赖于研究设计。

在社会科学中，研究设计特别重要，因为研究者从既有数据中抽取个案。在实验中，调查者对数据的产生有直接的影响(Cook & Campbell, 1979)。这是一种情境操控。在实验室条件下，可把变量转换成常数来排除不必要的变异来源，分离出操作变量的作用。而无论是统计法还是比较法，都不能对数据产生直接的影响。因此，控制就通过对概念的操控完成。调查者选择那些在某个属性上具有相似属性或那些在某个给定属性上有不同取值(随机化)的个案。

差异最小设计和可比个案控制策略

在比较法中，同样作为控制方法的匹配比随机化扮演了更重要角色。在实验和统计方法中，随机化可通过操控和大样本轻易实现。当样本量很小时，随机化更加困难。这意味着，个案不足以涵盖某一给定属性或变量所有可能的取值范围。匹配作为比较法中最主要的控制技术，有两个重要影响。

第一，分类的角色。因为匹配在控制不必要变异来源时扮演重要的角色，因而在比较法的概念操作、分类和类型学中都变得很重要。匹配的过程主要是根据给定属性的相似取值把个案分组。要使一个变量保持不变，必须使所有个案都在那个变量上取值相同。因此，匹配控制是通过分类和再分类实现的(Smelser, 1976:168—169)。

第二，差异最小设计。对一部分学者而言，比较研究设计主要包含那些以相似性为特征个案的设计。利普哈特提出，“把比较方法这一术语留给可比个案策略更为合适，可以把第一个解决方法(即随机化)归入到统计方法中”

(Lijphart，1975:163)。个案通过这种选择方式来最小化控制变量的变异，最大化实验变量(自变量或因变量)的变异，并获得更大的“自由度”。

匹配技术最早在人类学中发展起来，并作为控制比较、设定(Holt & Turner，1970:11)，或系统性比较例证(Smelser，1973:53；1976:157)方法被引入社会学和政治学中(Eggan，1954；Hoenigswald，1963)。

如果研究者处理来自相似“地区”的个案，它们具有同质文化和相似社会经济条件，则相比从不同文化和社会经济情境中抽取的个案，就能控制更多因素。正因如此，这些作者偏好中层理论，即研究设计在一般性上有限度，但允许控制解释。

通过普沃斯基和特恩的名作《比较社会研究的逻辑》(*The Logic of Comparative Social Inquiry*)(Przeworski & Teune，1970；*Meckstroth*，1975)，“控制比较法”被引入比较政治研究中。这种类型的研究设计有几个名称，最常用的两个是“差异最小设计”(Przeworski & Teune，1975)和“比较个案策略”(George，1979；Lijphart，1975)。在差异最小设计中，研究者比较两个以上尽可能相似的个案，从而能够关注那些构成关键自变量和因变量关系的变异。[17]而这只是一种研究设计。它关注选择个案和变量。差异最小设计与控制比较法采取相似的步骤，它们都在同质情境下选取个案，从而允许最小化“实验变量”，而增加“控制变量”。所选个案共有的情境越多，能够识别到底哪个变量能够解释因变量变异的能力就越高。当然，这么做的风险是扩散效应会增加(参见上文的高尔顿问题)。

分类的作用

下表以选举/选拔一国元首为例，明确了分类法对可比性和控制有重要的双重角色。

首先，对什么是可比的而言，分类法不可或缺。如果对国家元首的选举感兴趣，我们就必须排除那些无须选举国家元首的国家。在“选举国家元首”这一属性上，德国、意大利和瑞士（取值为0）与法国、美国、奥地利等国（取值为1）不同。在德国、意大利和瑞士，国家元首是由议会提名的，而在法国、美国和奥地利等国，国家元首由人民选举产生。因此，德国、意大利和瑞士不能在这一特定属性上与法国、美国和奥地利进行比较。但如果概括层级提高，我们在一般性阶梯上使用更抽象的概念（选拔而非选举），那么这些个案又是可比的，所有这些个案都存在一个选拔国家元首的过程（取值为1）。

不可比个案是那些国家元首无须选拔（取值为0）的国家，比如在君主立宪制国家中，国家元首是世袭的（英国、瑞典、西班牙和荷兰等）。

<table>
<tr><th rowspan="2">分类的角色</th><th colspan="4">概括层级</th></tr>
<tr><th colspan="2">低层级</th><th colspan="2">高层级</th></tr>
<tr><td>可比性（相同属性）</td><td colspan="2">选举(1)
无选举(0)</td><td colspan="2">选拔(1)
无选拔(0)</td></tr>
<tr><td>匹配（相同取值）</td><td>直接选举：奥地利、法国、葡萄牙、爱尔兰、芬兰</td><td>间接选举：美国</td><td>人民选举式选拔：奥地利、法国、葡萄牙、爱尔兰、芬兰、美国</td><td>议会提名式选拔：德国、意大利、瑞士</td></tr>
</table>

其次,分类对匹配变量而言不可或缺。我们选择那些具有相同取值的个案,从而把变量变成常数。在国家元首选举的例子中,这一变量有两个取值:直接选举和间接选举。在国家元首选拔的例子中,这一变量有两个取值:选举或任命。请注意,在低概括层次上的"选举"是更高一级概括层次上的名义变量"选拔"的一个属性。如果我们想考察政党分化程度对政治稳定性的影响,我们需要"控制"选拔的类型(选举或任命),因为直接选举国家元首带来的合法性或许可弥补政党分化的影响。分类可以产生同质的个案群体。

第6章

因果关系

第1节 | 原因与结果

本章处理比较方法的解释目的以及如何接受或拒绝变量间因果关系假设,即如何检验它们的经验有效性。

归纳推理方法

因果关系是经验研究最关心的问题。事件不是随意发生的,而是在一定条件下发生。大部分研究处理的是事件的起因或事件的影响。政治不稳固的主要原因是什么?什么因素导致通货膨胀?社会保险是否降低工作效率?选举方式从比例代表制转向多数制有何影响?

尽管"原因"这一术语非常复杂且充满争议,但它总是涉及事件或现象之间的系统性关联。事件总是相互联系的。因果陈述隐含原因和结果之间规律一般的关系。因果关联的概括是一种假定,即不论何时何地,一个既定现象总是或通常有另一现象紧跟其后。

因果关系条件陈述的逻辑形式为"如果(前件)……那么(后件)"。使用逻辑符号的话,前件常用 p,后件常用 q 来表示:"如果 p……那么 q。"如果假设为真,前件就蕴含了后件。这种蕴含用符号"$\supset$"或者"$\rightarrow$"来表示,可以取代"如果……

那么……”这种语言形式：$p \supset q$ 或者 $p \rightarrow q$。

一个条件陈述要么为真，要么为假，取决于 p 和 q 在真实世界中存在与否。条件陈述为真取决于 p 和 q 出现(1)或缺失(0)。根据条件陈述中组成部分 p 和 q 为真或为假，整个条件陈述也为真(1)或为假(0)。例如，我们发现多数制选举系统(为真，1)和两党制(为真，1)之间存在固定关联，那么这一条件陈述就为真(1)。相反，如果我们发现多党制系统(不存在两党制，0)，那么这一条件陈述为假(0)。

要确定因果关系条件陈述是否为真，是一个经验研究问题。规律性陈述只能通过观察现实来判断其真伪。然而，经验观察总是被限制在有限数量的事件上，即限制于部分个案，而非所有个案。基于观察所得的、有因果关联的事实而作出的普遍性陈述就是归纳推理。那么，如何从观察到的事件中推论普遍因果关系呢？

最古老的归纳推理是列举法。有利于条件陈述的证据确认某一陈述。有两种类型的列举法：归纳概括和类推法。归纳概括列举那些可以帮助确证因果关联的事件。例如，通过列举那些低利率且物价上涨的国家，可推断“低利率导致通货膨胀”；通过列举那些比例代表制国家存在政党分化的情况，我们可推断“比例代表制导致政党分化”。类推法推断的是下一个样本，而非一个普遍的规律。比如，我们期望下一个引入比例代表制的国家也会出现政党分化情况，或下一个降低利率的国家会有更高的物价水平。这两种列举法基于同一个逻辑，即印证这一关系的事例越多，因果关系成立的可能性就越大。

然而，列举推论受一个根本问题的困扰，即只需一个反面事例,就可推翻整个规律。对列举推论及类推法作为归纳概括方法的批评,首先由弗朗西斯·培根在《新工具》(*The New Organon*)一书中正式提出。在书中,他提出了其他几种归纳程序以取代列举法(基于亚里士多德逻辑),后来,密尔把这些精细化,并重新表述。这些程序被称为"密尔归纳推理法"。如下文将要讨论的,今天大家使用的这些方法是由科恩和内格尔、冯·赖特、波普、亨普尔和奥本海姆在此基础上发展的,他们都强调其排除性本质,即条件陈述或假设只要未被拒绝或证伪,就可被认为是真的(Cohen & Nagel, 1934; von Wright, 1951; Popper, 1959; Hempel & Oppenheim, 1948)。

条件真值表

基于事件的出现(1)或缺失(0),我们有可能建构一个条件陈述真值表,在此表中,所有可能组合(Ⅰ—Ⅳ)决定了条件陈述的真假,便于我们决定是接受还是拒绝假设。蕴含(→)一栏的符号告诉我们这一条件陈述为真(1)或为假(0)。

	p	→	q
Ⅰ	1	1	1
Ⅱ	1	0	0
Ⅲ	0	1	1
Ⅳ	0	1	0

条件陈述的真假(→)是 p 和 q 真假的一个函数。p 和 q 的四种可能组合是(1, 1), (1, 0), (0, 1)和(0, 0)。正如表中出现的那样,除了组合Ⅱ,这一条件总是为真。排除性过程正是基于组合Ⅱ,因为它直接导致假设被拒绝。

组合Ⅰ意味着，如果 p 为真(1)，同时 q 也为真(1)，那么关系为真。组合Ⅱ表示，如果 p 为真(1)，但 q 为假(0)，那么关系不成立。组合Ⅲ表示，即使 p 为假(0)，但 q 依然可为真(1)，因为它可由其他因素引起("多重因果"原则)。组合Ⅳ意味着，即便 p 为假而 q 也为假，但关系依然存在。

充分与必要条件

对布尔代数方法而言，一个重要特点是原因或事件发生的条件或是必要的，或是充分的(Mackie，1965；Mahoney，2004)。

充分条件是条件 p 成立时，q 总成立。如果出现这类条件，那么，q 总会出现。根据上面的真值表，此时 $p=1$，$q=1$(组合Ⅰ)，且没有任何个案属于组合Ⅱ(即 $p=1$，$q=0$)。当然，q 的发生也可能由其他原因造成(组合Ⅲ)，即 $p=0$，$q=1$。简言之，当 p 出现时，q 总是出现；只要 p 出现，q 就从不缺失。此时，p 就是 q 的充分条件。用贝叶斯概率符号来表示，就是：

$$P(p \mid q)=1,\ P(p \mid \sim q)=0$$[①]

---

① 原文公式如此。作者习惯统一把原因 p 或 C 放在条件竖杠的左边，而把结果 q 或者 E 放在条件竖杠的右边，通篇如此。充分条件时，尽管 p 在条件竖杠左边，但 p 代表条件，这与条件概率公式应当把条件放在竖杠右边的习惯不同。而在表述必要条件下，q 代表条件，此时与一般条件概率公式的写作方式相同。同样是公式 $P(p \mid q)=1$，在充分条件时，应读成"p 成立时，q 成立的概率为1"；而在必要条件时，则读成"q 成立时，p 成立的概率为1"。$P(p \mid \sim q)=0$ 在充分条件时读成"p 成立时，非 q 发生的概率为0"。$P(\sim p \mid q)$ 在必要条件时表示"q 发生时，非 p 成立的概率为0"。这在一定程度上会引起读者的困扰。但为保证行文的格式统一，在此保留了原文的公式写作方式。因此，请读者注意，在充分条件时，应当从左往右读公式，而在必要条件时，则从右往左读公式。这恰好与充分条件($p \rightarrow q$)和必要条件($p \leftarrow q$)的箭头方向一致。——译者注

必要条件是当事件 p 不出现时，事件 q 不会发生。事件 q 当且仅当 p 出现时才发生，即当 $q=1$ 时，$p=1$（组合Ⅰ），同时不会有任何一个 $\sim p$ 个案，即不会出现 $p=0$，$q=1$（组合Ⅲ）的情况。简言之，当 q 发生时，p 总是出现，此时，p 是 q 的必要条件。用贝叶斯概率符号表示，就是：

$$P(p \mid q)=1, P(\sim p \mid q)=0$$

条件陈述可以反转或转化。如果 p 是 q 的充分条件，那么 q 就是 p 的必要条件。在条件陈述 $p \rightarrow q$ 中，p 是 q 的充分条件，q 是 p 的必要条件（如果 p 和 q 同时发生）。只要 p 出现，q 就出现。这两种情况都导致 $P(p \mid q)=1$（组合Ⅰ）。如布劳莫勒和戈茨指出的，“任何必要条件假设都可以转化成一个充分条件假设，反之亦成立”（Braumoeller & Goertz, 2000:846）。如果不平等是政治不稳定的充分条件，那么，政治不稳定就是不平等的必要条件。然而，这会造成混淆，因为不稳定发生在不平等之后。

首先，我们必须区分必要条件和必要原因。尽管所有结果都是其充分原因的必要条件，但它们未必总是必要原因。必要原因是必要条件的一个子集。原因总是发生在结果之前。因此，我们必须区分成为某个原因之结果的“有效”必要条件和导致某种结果的“因果”必要条件。

其次，必须区分相关与琐细必要条件。存在议会是选举候选人的必要条件，却是科学进步的琐细和无用的条件。布劳莫勒和戈茨区分了必要条件方法的两个步骤（Braumoeller & Goertz, 2000）。第一步确定某事件是不是必要条件（如果不是，第二步就无关了）。如果是必要条件，那么此事件是相关的还是琐细的必要条件。

总而言之，如果 p 是 q 的充分条件，那么，p 蕴含了 q，或说 q 被 p 蕴含。$p\rightarrow q$ 或 $p\supset q$。例如，在比例代表制下，获得最多选票是当选的充分条件但并非必要条件，因为选票数量第二和第三的候选人也能当选。如果 p 是 q 的必要条件，那么，p 被 q 蕴含，或 q 蕴含了 p。$p\leftarrow q$ 或 $p\subset q$。例如，在两轮选举系统下，在第一轮获得最多选票是当选的必要条件但不是充分条件，因为只有在第一轮或第二轮获得 50%以上的选票，才能当选。

如果 p 是 q 的充分必要条件，那么，p 蕴含了 q，且同时被 q 蕴含，反之亦然，即 $p\equiv q$ 或 $p\leftrightarrow q$。这被称为“等价”或“互为条件”。例如，在多数制下，获得最多选票是当选的充分必要条件。

第2节 | 密尔法

我们从讨论密尔法以及普沃斯基和特恩的差异最小和差异最大设计开始，并且认为定量的/统计的和定性的/布尔代数的方法都基于此。定性的/布尔代数的方法基于密尔三法或归纳推理方法（Skocpol，1984a：378；Zeldtich，1971：267）——求同法、求异法、求同求异并用法。而定量的/统计的方法则是基于共变法（尽管按照密尔的看法，所有方法最终都根源于求异法）。

求同法

密尔这么定义求同法：

> 如果两个以上事件只有一个条件相同，那么这一所有个案都具有的条件就是既定现象的原因（或结果）。(Mill，1875：451)

研究者希望能够解释在所有个案（E）中都存在的条件。如果这些事件在若干可能的前件条件中，只有一个共同前件[①]（C），

① 前件（antecedent）是假言判断中规定条件的判断。后件（consequent）是假言判断中反映依赖于某种条件的事物情况的判断。如在“如果战争失利，就会发生社会革命”中，“战争失利”就是前件，“发生社会革命”就是后件。——译者注

那么这一所有个案都具备的前件就是现象的原因(或结果)。[18]

此类型分析可用下表表示(1 表示条件成立,0 表示不成立):

事件(个案)	潜在原因(自变量)									需解释现象(因变量)
	C_1	C_2	C_3	C_4	C_5	.	.	.	C_m	E
1	0	1	1	1	1	.	.	.	.	1
2	1	0	1	0	1	.	.	.	.	1
3	1	0	0	1	1	.	.	.	.	1
4	1	1	0	0	1	.	.	.	.	1
5	1	1	0	1	1	.	.	.	.	1

假设有五次社会革命事件(E),研究者希望发现革命发生的原因(C)。在这些可能的原因中,有不平等的阶级结构(C_1)、威权政治体制(C_2)、弱国际地位(C_3)、低财富水平(C_4)、战争失利(C_5)及其他(C_m)。在这五次革命的任意一次中都未出现的原因 C_i 不应被认为是社会革命的原因。我们会猜测,或许贫穷(C_4)会引发社会不满和革命倾向。然而,如果研究者发现在这五个个案中,有一些个案中的人们很富裕,那么这个因素就该被排除。除 C_4 之外,假设研究者们进一步排除了 C_1、C_2、C_3,但发现所有这五次社会革命发生前,都有战争失利的情况,那么根据求同法,战争结果(C_5)就是社会革命的一个原因。

求同法基于不变前件和不变后件之间的因果关系。正如拉津(Ragin, 1987:37)指出的,这一方法是寻找"不变"的模式——所有关键事件中的不变因素通过另一个(前件)在所有事件中都相同的条件来解释。

求同法经常与差异最大设计(Przeworski & Teune, 1970:34—39)联系在一起。在差异最大设计中,研究者从不同的情境下抽取个案,且各个事件的大量条件都有差异。然后,研究者寻找个案共同点来识别现象的原因。

在斯考切波的《国家与社会革命》(*States and Social Revolutions*)一书中,她解释了三个发生革命的个案,强调并无太多共同点的三个个案之间的"关键相似性"(Skocpol, 1984a:379—380)。研究者控制了结果(结果即发生革命),然后从不同的情境下选取个案,从而消除大量个案之间并无共同性的前件,最后把共同条件分离出来。

戴穆尔和伯格-施洛瑟强调了,这种设计实际上就是"同果差异最大设计"(MD-SO)(De Meur & Berg-Schlosser, 1994)。他们提出一个基于测量个案间(比如,国家)差异的测度——"布尔距离"(Boolean distance)——就是那些能区分个案的二分变量的总数目。如果两国在许多二分变量上不同,那么它们就比那些在所有变量上无差异的情况具有更大的布尔距离。通过"相似/相异矩阵",他们选择一些具有相似结果的国家,并且识别出能解释这一现象的一些关键相似性。

这一方法的局限性何在?首先,这一方法遇到了实际操作上的困难,因为它要求样本个案在各个方面都不同,而只在一方面相同。其次,当我们发现两个以上的前件都在各事件中保持不变时,就会产生另一个问题。这一方法无法判定到底哪一个不变前件是现象真正的原因。最后,这一方法无法处理多重因果性,即在某个案中,E 是由 C_1 导致的,而在另一些个案中,却是由 C_3 导致的。

求异法

密尔这样定义求异法：

> 如果现象发生在一个事件中，而在另一个事件中没有发生，而这两个事件在每一个条件上都相似，而只有一个条件不同，且这个不同的条件只发生在第一个事件中。这一条件就区分了这两个事件，它是现象的结果或原因，抑或原因之不可或缺的部分。(Mill, 1875:452)

密尔把求同法当做现象间因果关联较弱的展示，并认为求同法的弱点可由求异法来克服。如果在所有的前件中确实有一个不同，那这就是原因或现象的结果本身。如果 C 导致 E，我们不仅希望在 E 出现的地方发现 C，还希望如果 C 不出现，那么 E 也不出现。这一方法对比两种类型的事件：为真(1)和为假(0)的结果 E，可用下面的表格表示。

事件（个案）	潜在原因（自变量）								需解释现象（因变量）
	C_1	C_2	C_3	C_4	C_5	.	.	. C_m	E
1	1	0	1	1	0	.	.	. .	0
2	1	0	1	1	0	.	.	. .	0
3	1	0	1	1	0	.	.	. .	0
4	1	0	1	1	0	.	.	. .	0
5	1	0	1	1	1	.	.	. .	1

迈克尔·摩尔(Michael Moore)的电影《科伦拜校园事件》(*Bowling for Columbine*)提供了一个很好的例子。他观

察到，美国和其他国家（英国、加拿大、法国、德国）的差异是，在美国，有大量死亡是由枪械造成的。这种差异不能由这些国家的相似条件来解释，从而摩尔排除了诸如暴力传统、多民族混居和贫穷等原因。另一个被排除的原因是枪支自由买卖，因为在加拿大，情况也是如此。他得到的结论是，最有解释力的变量是更高水平的不安全感，美国社会弥漫着这种不安全感，这是由令人叹为观止的商业信息系统和缺乏公共福利所造成的。

求异法考虑事件尽可能多的相似性。由于相似性本身不能解释差异，因此，所有事件都具有的因素就可被排除出原因之列。这一方法常与实验法联系在一起，因为它模仿了“实验条件”——只有一个自变量变动，而其他变量都保持不变。在社会科学中，这种接近实验的数据非常少见。一国之内两个时点的纵贯数据提供了这种情境（Skocpol，1979：37）。另一个方法是把经验个案与想象的或反事实的个案当做理想类型进行对比（Bailey，1982；Bonnell，1980；Ragin，1987：39；Stinchcombe，1978）。

求异法常与差异最小设计方法联系在一起（Przeworski & Teune，1970：32—34）。通过选择那些在许多属性上都相同的个案，研究者可排除这些属性，并聚焦于少数属性，即那些在个案之间变动的属性，从而检验它们之间的因果关系。这种研究设计在“区域研究”中很常见，它们常常从具有大量共同性的地理区域中选取个案。

在此，戴穆尔和伯格-施洛瑟强调说，这一设计是“异果差异最小设计”（MS-DO）（De Meur & Berg-Schlosser，1994），并且通过相似/相异矩阵，我们可识别少数/大量变量具有相似取值的个案。测量成对个案之间的“布尔距离”,使我们可从不同结果中分离出个案差异,而这些差异或可解释在其他方面都相似的个案的不同结果。例如,芬兰和爱沙尼亚是两个最接近的例子,它们两个的“布尔逻辑距离”非常小,这两个国家在非常多的变量上都有相似取值(61条属性中只有14条不同)。尽管如此,前者(芬兰)的民主制得到了维系,而后者(爱沙尼亚)的民主制却崩溃了。相似/相异表允许研究者研究那些存在最显著差异的地区。在芬兰和爱沙尼亚的例子中,不同结果可能由不同的政治文化造成。

戴穆尔和伯格-施洛瑟强调说,既然存在大量可以解释社会世界差异的潜在变量,那就很难严格贯彻寻找“决定性差异”(就求异法而言)或“决定性相似性”(就求同法而言)的想法。这很明显,想要寻找单独的、决定性的相似性或差异性来作为既定现象的单一原因可以说是无效的。社会科学家发现某一有趣现象的单一原因,而社会现实却复杂得多。事实上,并无太多比较研究关注分离出某现象的原因。

首先,我们必须用实证的态度,通过形成关于其影响的特定假设,来理解单一因素导致结果的想法。其次,相比检验单一因素,比较法检验组合因素的影响(两个以上变量取值或分数的组合)。例如,X_1出现与X_2不出现确实解释了一个特定结果。再次,为增加控制,应同时采用两种方法——同果差异最大和异果差异最小。如上面强调的,求同法自身不能够解释多重因果或“同等性”,每一相同结果都可能有多个原因。只有用同果差异最大方法弥补异果差异最小方法时,才能发现多重因果和因果复杂性。将两种方法结合,使得我们可以继续讨论社会科学中最主要的比较方法。

求同求异并用法(或间接法)

求同求异并用法是两种方法的联合,密尔这么定义该方法:

> 如果两个及以上的事件在某一现象发生,只有一个共同条件,同时,当这一条件不成立时,在两个以上事件中都没有此现象发生,那么,该条件本身就可区分两组事件。这个条件就是该现象的结果或原因,抑或原因之不可或缺的部分。(Mill, 1875:458)

如前所述,求同法的限制在于,研究者可能会发现两个以上的前件条件均保持不变的情况。那么,如何能够在它们之间作出区分,从而确定哪个是原因呢?求同法并不能提供答案。唯一的解决方案是引入“反例”,即那些结果未发生的个案。

这一方法可以用下表来表示:

事件(个案)	潜在原因(自变量)									需解释现象(因变量)
	C_1	C_2	C_3	C_4	C_5	.	.	.	C_m	E
1	1	1	1	1	1	.	.	.	.	1
2	1	0	1	0	1	.	.	.	.	1
3	1	0	0	1	1	.	.	.	.	1
4	1	1	0	0	1	.	.	.	.	1
5	1	1	0	1	1	.	.	.	.	1
6	1	0	1	0	0	.	.	.	.	0
7	1	1	1	0	0	.	.	.	.	0

以前面所举的例子为例，假设所有五个国家都有同样的阶级结构（C_1），但在政治体制、国际地位和财富水平上有差异。在这种情况下，求同法会消除 C_2、C_3 和 C_4，但问题是，阶级结构（C_1）和战争结果（C_5）中，哪个是革命的原因？如果只取五个“正面案例”，即结果发生的个案（$E=1$），那么，求同法无法帮助我们进行区分。通过加入“反例”6 和“反例”7（$E=0$），上表（案例 6 与案例 7）表明，C_5 不成立时，E 就不成立；C_1 成立时，E 依然可能不成立。

这种方法的一个应用是摩尔的《专制与民主的社会起源》（*Social Origins of Dictatorship and Democracy*），在书中，作者试图解释不同体制是如何发展起来的。摩尔运用了几个个案，向读者展示了不同阶级构成的影响。比如，贵族与资产阶级的联盟导致了自由民主（英国），而那些君主与贵族阶级形成联盟反对资产阶级的国家，其结果是法西斯主义（日本）。尽管在摩尔的书中，这一方法是隐含的，但它仍然是这种比较方法的最佳例子。

斯考切波的《国家与社会革命》一书明确使用了求同求异并用法。她通过求同法，利用三个具有相同结果但其他方面相当不同的个案，来寻找共同解释因素。接着，她引入了求异法，通过引入反例来寻找解释因素。这种求同求异并用法的使用，使她辨别出关键变量“国家崩溃”。当革命发生时，这一因素总是系统性地出现，而革命不发生时则不出现。在所有出现革命的个案中，国家力量都在先前的大战中被削弱了——制度变松散了，国家应对骚乱的能力变差了。

求同求异并用法经常被称为“间接差异法”。之所以有这个名称，是因为求异法只在实验室条件下才有可能实行，在那里，变量的取值或分数可以被直接操控。相反，在社会科学中，变量取值或分数的变异只能通过考察正面和反面案例——结果或出现或不出现的个案（因此是间接的差异）——来得到。

共变法

通过共变法，我们离开"性质"（属性成立与否）领域，而进入到"数量"（属性变异强度或大小）领域。与依赖二分变量不同，这种方法基于程度和连续变量。

密尔这样定义共变法：

> 现象 p 发生变化，另一现象 q 随之变化。那么，这两个现象的这种相互作用就表明，p 是 q 的原因，或 q 是 p 的原因，或两者都是同一个原因的结果。（Mill, 1875:464）

条件陈述作为两个以上变量取值的协方差而被正式化——"……越高，则……越高"，"……越低，则……越低"或"……越高，则……越低"或最终的"……越低，则……越高"。例如，"年纪越大，投票行为越保守"。

拉津和扎雷特把共变法与密尔的前三种方法对立起来，把共变法称为"涂尔干"式定量统计策略，而把密尔前三法称为"韦伯式"比较定性策略（Ragin & Zaret, 1983）。然而，除了很难把所有"比较学者"都归入韦伯阵营外（Skocpol, 1984a:360），求同法和求异法也可基于一个自变量属性的出现与否与另一个因变量属性的出现与否之间的关联性。正因如此,和其他方法一样,共变法最终仍基于求异法,即考察的是0和1之间的关联性。两类方法的区别只在于,数据本质上是离散的还是连续的。

对密尔法的批评

对这些方法有两类主要的批评,两者都直接指向密尔及他之前的培根宣称的这些方法的重要性,即密尔法是发现现象的原因与结果的工具,并且是展现原因—结果关联性的逻辑工具。这些"宣称"说明,这些方法会指导科学研究发明一种能够机械地、系统地发现和证明因果关联的方法(Cohen & Nagel, 1934:245—267; Copi, 1978:352—364)。

先来看发现的方法。首先,密尔法要求所有的前件都被纳入分析,以识别原因。然而,纳入所有的条件(例如,在求异法中,两个事件必须在除一个以外其余所有条件上取值都相同)会使得工作相当繁琐,因为条件数目是无限的。正因如此,要求纳入所有前件必须被理解为只纳入那些相关的因素。

决定哪些是相关前件并非方法的问题,而是一种额外的知识。在应用密尔法之前,研究者必须决定把哪些前件纳入"模型"。但是,这些方法不能消除遗漏相关因素的风险。因此,它们并不能发现未知或意外事件原因的方法,最多能帮助研究者在那些可能具有潜在相关性的因素中,识别出最有可能的原因。这就是说,发现还须理论指导。

其次,密尔法不能提供对前件分析的指导。这事关研究者如何处理潜在的解释变量。减少变量数量可使研究者聚扰解释因素，并发现给定的政治文化增加了“社会凝聚力”。同时，我们可能会同时单独考虑政治文化几个不同方面（信任水平、认同类型、传统性和现代性之间的平衡，等等），并发现只有部分因素影响了政治不稳定性。最后，前件的分析可依靠应用密尔法之前的额外知识而展开。

再来看证明的方法。考虑到这些方法是展示性的，于是便产生两类批评。首先，根据第一点，如果忽略了相关变量，且/或前件分析不正确的，那么，因果关联的结论或许就是错误的。既然考虑每一个可能前件是不可能的——或许与错误分析混在一起——那么就不能证明某原因是真正原因。关系可能是虚假的、有条件的或间接的（Ragin，1987：37；Zelditch，1971：300—305）。其次，更一般而言，归纳推理从来不是逻辑上证实论的，因为它们基于部分而非所有事件的经验观察。只要还有未被观察的个案，这一因果关联就存在被推翻的可能性。

这一批评不仅适用于密尔前三法，而且同样适用于共变法和统计学。甚至在那些依赖大量观测个案的研究设计当中，对未观测个案属性的推断也从来不是确定的，最多是很有可能。一般而言，有效演绎陈述构成了证明，而因果关系的归纳陈述总是或然性的。

因果关系的“发现和证明”要求在应用这些方法之前，对前件作出一些预设。用密尔自己的术语来讲，密尔法既非发现，亦非证明的充分工具。

假设与演绎有效性

那么，既然这些方法“既非证明方法，又非发现的方法”

(Cohen & Nagel, 1934:266),那么它们又有何价值呢?上述看法是从严格意义上考虑的,但密尔自己只谨慎地希望把这一方法作为系统性科学探索的一个指引。所以,尽管既非发现又非证明的方法,但它们依然是不可或缺的分析工具。

首先,既然不可能把所有的前件都纳入进来,那么这些方法就要求事先形成一些假设,即研究者需要对纳入那些与解释现象相关的条件进行说明。因此,这些方法必须与某些假设一起使用。

其次,这些方法是排除虚假因果关系的规则。它们被认为本质上是排除性的,而非列举性的归纳方法。一个假设并不会因为事件支持它而被确认,只是由于目前它仍未被排除。一般性陈述根本不能被证实,它们只能被证伪(Popper, 1959、1989)。排除一些假设可以帮助确认那些能经受证伪检验的假设。排除性归纳提供了一个更强的归纳。支持一个假设的证据只可能是部分的(从来不会是绝对的),而拒绝或者排除它是绝对的(一次足够)。因此,形成假设时需注意它必须是可证伪的,即设定哪些情况可证伪假设。

如果我们定义了一组关于 E 原因的备择假设(C_1、C_2、C_3 或 C_4 作为假设性解释因素),同时排除了 C_1、C_2 和 C_4 作为 E 的原因,但未排除 C_3,那么 C_3 被确认为是 E 的原因。不仅关于 C_3 和 E 的因果关联的假设通过经验检验未被拒绝(而 C_1、C_2 和 C_4 已被拒绝),且这一推论是基于有效的演绎论的。

下面的三段论可证明这一点(这一例子应用了求同法):

如果 C_1 是 E 的原因,那么 E 不可能在 C_1 不成立时出现
有一个(或更多)个案显示,E 发生,而 C_1 却不发生

∴C_1 并非 E 的原因

这一结论是有效的演绎法，因为这一论断在三段论的第一行包含一个假设，或更精确地说，是一个“假设前提”。接着，科恩和内格尔根据排除性的认识论的假设检验法，提出一个“否定表达式”的求同法和求异法的公式（Cohen & Nagel，1934）。根据这一个公式：

> 当一个条件并非所有为真现象的共有条件时，这一条件不可能是现象的原因（Cohen & Nagel，1934:255）。当假设的原因（条件）出现时，现象并未出现，那么，这个条件不可能是现象的原因（Cohen & Nagel，1934:259）。[19]

必须有一个假设 H 或者一组备择假设（H_1，H_2，H_3，…）。经验研究排除了那些非真的假设。在下文，我们将再次介绍必要与充分条件的区别，并介绍那些建立因果关联的策略。下面的介绍将遵循以下两大策略：基于结果和基于原因。就前者而言，研究者努力去发现现象的原因（大部分发生在社会科学中）；就后者而言，研究者试图发现现象的效果（在实验室研究中很典型）。这两种研究策略的区别在于，是选择正面案例还是反面案例。

第7章

布尔代数比较方法

本章分为三个主要部分。首先是介绍检验单个因素作为充分和/或必要条件的五种方法，它们都基于求同法、求异法和求同求异并用法（间接差异法）。其次是介绍联合方法，它基于建构自变量取值而进行解释。这两个部分处理的都是二分数据，即变量值或出现(1)或不出现(0)。最后一部分处理的是非二分数据，即模糊集合分析。

第1节 | 寻找充分条件

根据结果(方法1)

如前面所说的，就充分的“原因”而言，充分条件比必要条件更易理解。所以，我们从充分条件开始。如果C(一个假设的原因)是E(一个假设的结果)的充分条件，那么，C蕴含了E，条件真值表如下：

	C	$\rightarrow$	E
Ⅰ	1	1	1
Ⅱ	1	0	0
Ⅲ	0	1	1
Ⅳ	0	1	0

如果C是E的充分条件，那么就不会有C出现而E却不出现的个案。这就是说，$C=1$且$E=0$的组合(组合Ⅱ)是不可能的，或用贝叶斯概率符合表示就是$P(C \mid \sim E)=0$。注意，组合Ⅱ拒绝这一假设。例如，比例选举制系统是多党制的充分条件，那么就不可能有比例选举制和两党制并存的系统。

根据演绎逻辑：

如果 C 是 E 的充分条件，则 E 不成立时，C 也不可能出现
有一个(或更多)个案显示，E 未出现，而 C 却发生了

∴C 并非 E 的充分原因

在实践中运用这一研究策略，一些 $E=0$ 的个案被选取出来。潜在的充分条件(C_1，C_2，C_3，…)被检验且很可能被排除。根据组合Ⅱ的真值表，可以排除 $C=1$，$E=0$ 这一组合。

事件(个案)	潜在的充分条件(自变量)								结果(因变量)
	C_1	C_2	C_3	C_4	C_5	.	.	. C_m	E
1	1	0	1	1	0	.	.	. .	0
2	0	0	1	1	0	.	.	. .	0
3	0	0	1	1	0	.	.	. .	0
4	1	0	0	1	0	.	.	. .	0
5	1	0	0	1	1	.	.	. .	0

根据此表，除了 C_2，我们可以排除所有潜在条件，它们都不是充分原因。这就是说，我们不能排除那些 $C=0$，$E=0$ 的个案(组合Ⅳ)。

根据原因(方法 2)

如果 C 是 E 的充分条件，那么，每当 C 出现时，E 必然出现。如果 E 不出现，那么 C 就不是 E 的充分条件。其次，C 蕴含了 E($C \to E$)，其条件真值表与上文方法 1 的相同。

作为根据结果的方法，如果 C 是 E 的充分条件，那么，就不应有任何一个 C 出现而 E 不出现的个案。也就是说，没有 $C=1$ 且 $E=0$(组合Ⅱ)的组合，或者用贝叶斯概念符号表

示，即 $P(C \mid \sim E) = 0$。再次提醒，是组合Ⅱ拒绝了假设。

演绎推论形式是一样的：

如果 C 是 E 的充分条件，那么 E 不成立时，C 也不可能出现
有一个（或更多）个案显示，E 未出现，而 C 却发生了

∴C 并非 E 的充分原因

在实践中，研究策略是不同的。与选择 $E = 0$ 那些个案（即结果未发生的反例）不同，我们根据 $C = 1$ 选择个案，即在所有的个案中，我们假设为充分条件的条件总是出现。根据这一方法，所有被选择的个案都是 $C = 1$ 的。然后，结果（E_1，E_2，E_3，…）被检验且我们很有可能排除备择假设。根据真值表组合Ⅱ，我们排除组合 $C = 1$，$E = 0$。

事件（个案）	潜在充分条件（自变量）	结果（因变量）							
	C_1	E_1	E_2	E_3	E_4	.	.	.	E_m
1	1	0	1	1	0	.	.	.	.
2	1	0	1	1	0	.	.	.	.
3	1	0	1	1	0	.	.	.	.
4	1	0	0	1	1	.	.	.	.
5	1	0	0	1	0	.	.	.	.

这是一种更加“实验”和实践取向的方法，因为它控制了原因，并试图识别其结果。根据上表，我们排除 C 是 E_1、E_2 和 E_4 的充分条件的可能性。但我们不能排除 C 作为 E_3 的充分条件的可能性。也就是说，不能根据 $C = 1$，$E = 1$（组合Ⅰ）而拒绝充分条件。

第 2 节 | 寻找必要条件

根据结果(方法 3)

根据这一方法,给定事件 E,我们想知道,在一系列潜在的必要条件中,哪些因素会被拒绝,而哪些不会。

正如上面所讲的,如果 C(一个假设的原因)是 E(一个假设的结果)的必要条件,那么 C 被 E 所蕴含($C \leftarrow E$),条件真值表如下:

	E	$\rightarrow$	C
Ⅰ	1	1	1
Ⅱ	1	0	0
Ⅲ	0	1	1
Ⅳ	0	1	0

此时,是 $E \rightarrow C$,而非 $C \rightarrow E$(如充分条件那样)。

如果 C 是 E 的必要条件,那么就不会有 E 存在而 C 不出现的个案。也就是说,不存在组合 $C = 0$ 且 $E = 1$(组合Ⅱ),用贝叶斯概率符号表示就是 $P(\sim C \mid E) = 0$。又是组合Ⅱ拒绝了假设。如果公民政治文化是民主制的稳定性的必要条件,那么,就不会出现任何个案的民主制是稳定的而公民政治文化却缺失的情况。

根据演绎法：

如果 C 是 E 的必要条件，那么 E 成立时，C 不可能不出现
有一个（或更多）个案显示，E 发生了，而 C 却未出现

∴C 并非 E 的必要条件

在实践中，通过这一研究策略，我们选择那些 $E=1$ 的个案。然后检验潜在的必要条件（C_1，C_2，C_3，…）并排除它们。根据真值表组合Ⅱ，排除那些 $C=0$，$E=1$ 的组合。

事件（个案）	潜在的必要条件（自变量）									结果（因变量）
	C_1	C_2	C_3	C_4	C_5	.	.	.	C_m	E
1	1	0	1	1	0	.	.	.	.	1
2	0	0	1	1	0	.	.	.	.	1
3	0	0	1	1	0	.	.	.	.	1
4	1	0	0	1	0	.	.	.	.	1
5	1	0	0	1	1	.	.	.	.	1

根据此表，我们可以排除 C_4 之外的潜在条件（作为 E 必要条件的可能性）。也就是说，我们不能拒绝 $C=1$，$E=1$ 的组合Ⅰ。

如布劳莫勒和戈茨（Braumoeller & Goertz，2000：846）指出的，当检验得出 C 是 E 的必要条件时，如果 C 在 E 出现时也总是出现，那么，那些 $E=0$ 的个案是无关的。这可用下表来表示：

		C = 0	C = 1
E	0	—	—
	1	0	1

在此表中，当 E 出现时，C 总出现，即 $P(C \mid E) = 1$。我们只选择那些 $E = 1$ 的个案。

根据原因(方法 4)

如果 C 是 E 的必要条件，那么当 C 不出现时，E 也不会出现；如果 E 出现，则 C 并非 E 的必要条件。并且，C 被 E 所蕴含($C \leftarrow E$)。条件真值表与方法 3 一样[①]。

正如基于结果的方法一样，如果 C 是 E 的必要条件，那就不存在 E 出现而 C 不出现的个案。也就是说，不存在 $C = 0$ 且 $E = 1$ 组合(组合Ⅱ)，或用贝叶斯概念符号表示为 $P(\sim C \mid E) = 0$。组合Ⅱ用于拒绝假设。

演绎法表示方法相同：

如果 C 是 E 的必要条件，那么 E 成立时，C 不可能不出现
有一个(或更多)个案显示，E 发生了，而 C 却未出现

∴C 并非 E 的必要条件

在实践中，研究者的策略却不同。与根据 $E = 1$ 而选择个案不同(根据事件发生)，我们根据 $C = 0$ 进行选择，即那些假定必要条件不出现的个案。通过这一研究策略，我们选择的都是 $C = 0$ 的个案。检验结果(E_1，E_2，E_3，…)，然后排除部分个案。根据真值表组合Ⅱ，我们排除那些 $C = 0$ 且 $E = 1$ 的个案。

---

① 原文是“Again, C implies E, C→E, and the conditional truth table is the same as above in Method 3 on effects”。这明显是错误的，C→E 是充分条件的表述，而必要条件应当是 C←E，且同为必要条件表述的、基于结果的方法 3 明确使用了 C←E。因此，根据文意改正。——译者注

事件（个案）	潜在必要条件(自变量)	结果(因变量)							
	C_1	E_1	E_2	E_3	E_4	.	.	.	E_m
1	0	1	1	0	0	.	.	.	.
2	0	1	1	0	0	.	.	.	.
3	0	0	1	0	0	.	.	.	.
4	0	0	0	0	1	.	.	.	.
5	0	0	0	0	1	.	.	.	.

另外,作为基于原因的方法,这是一个更“实验性”的方法。根据此表,我们可以排除 C 作为 E_1、E_2 和 E_4 的必要条件,但不能排除 C 作为 E_3 的必要条件,因为我们不能根据 $C=0$ 且 $E=0$(组合Ⅳ)而拒绝条件 C 为 E 的必要条件。在 C 不出现时看 E 是否出现,从而检验 C 是不是 E 的必要条件,在此情况下,$C=1$ 的个案是无关的。

		C	
		0	1
E	0	1	—
	1	0	—

当 E 不出现时,C 也总是不出现,即 $P(\sim C\mid\sim E)=1$,因此,只选取 $C=0$ 的个案。

总而言之,所有四种方法都是根据组合Ⅱ($C=0$,$E=1$)来拒绝 H(假设)。在检验充分条件时,基于结果的方法1,不能根据组合Ⅳ($C=0$,$E=0$)来拒绝假设;基于原因的方法2,不能根据组合Ⅰ($C=1$,$E=1$)来拒绝假设。而在检验必要条件时,基于结果的方法3,不能根据组合Ⅰ($C=1$,$E=1$)来拒绝假设;基于原因的方法4,则不能根据组合Ⅳ（$C = 0$，$E = 0$）来拒绝假设[①]。

这些方法可与不同的研究策略一起拒绝虚假假设。如果要检验比例选举制(PR)是多党制(MPS)的充分条件,那么我们可以基于原因,选择那些 PR = 1 的个案,看是否所有 MPS = 1，然后基于结果,选择那些 MPS = 0（即两党制）的国家,看是否存在个案 PR = 1。相反,如果想看比例选举制是不是多党制的必要条件,那么我们可以基于原因,选择那些多数票制的国家（PR = 0），看是否存在 MPS = 1 的个案，然后基于结果,我们选择那些 MPS = 1 的国家,看是否存在 PR = 0 的个案。

简言之,控制假设可通过下述方式进行:选择原因,观察其结果或选择结果,追溯其原因。

研究策略的选择经常基于有哪些、有多少个案可用。在实践中,使用不同方法的组合能增强解释力。

“琐细”

布劳莫勒和戈茨首次把“琐细”正式化。他们提出这一问题:“是什么使地心引力成为战争的琐细必要条件?”（Goertz & Starr，2003）。有两种主要的琐细形式和一种非琐细个案。

琐细类型 1:如果当 E 出现时,C 总是出现,那么 C 是 E

---

① 此处原文是“With the methods based on causes we do not reject H based on combination Ⅳ(0，0) and with the methods based on effects，we do not reject H based on combination Ⅰ(1，1)”。问题在于,这里总结的是 4 种方法。同为基于结果的方法,充分条件方法 1 和必要条件方法 3 所不能拒绝假设的组合是不同的。同为基于原因的方法,方法 2 和方法 4 不能拒绝的组合亦不同。因此,根据文意改正。——译者注

的必要条件。如果选择那些 $E=1$ 的个案，那么总有 $C=1$（方法3）。然而，C 有可能在 $E=0$ 时同样出现。地心引力是不是战争的必要条件呢？是的。因为发生战争时（$E=1$），地心引力总是存在（$C=1$）。在这一个案中，自变量（C）不存在变异。地心引力对战争发生和不发生而言，都是一个琐细的必要条件。

$$P(C \mid \sim E)=1 \text{ 且 } P(C \mid E)=1$$

琐细类型2：当 C 不出现时，E 也总不出现，那么 C 是 E 的必要条件。如果选择 $C=0$ 那些个案，那么总有 $E=0$（方法4）。然而，E 可能在 C 出现时同样不出现。那么，至少一方是威权国家是不是战争发生的必要条件？是的。因为没有威权国家时（$C=0$），不发生战争（$E=0$）。然而，即使存在威权国家，也可能不发生战争。在此例中，因变量（E）没有变异。因此，威权国家同时是发生战争和不发生战争的琐细必要条件：

$$P(\sim C \mid \sim E)=1 \text{ 且 } P(C \mid \sim E)=1$$

非琐细：为了避免类型1和类型2的琐细性问题，自变量和因变量（C 和 E）都必须具有一定的变异。为了避免琐细类型1，我们需要在自变量（C）上有所变异；为了避免琐细类型2，我们需要在因变量（E）上有所变异。在实践中，这意味着我们需要同时使用方法3和方法4来满足非琐细必要条件。如果PR（比例选举制）是MPS（多党制）的必要条件，那么在MPS出现时，PR也总是出现，即 $P(C \mid E)=1$。然而，为了避免琐细性（类型1），当MPS不出现时，PR也必须不出现，即 $P(C \mid \sim E)=0$。另外，如果PR是MPS的必要条件，那么在 PR 不出现时,MPS 也不出现,即 $P(\sim C \mid \sim E) = 1$。然而,为了避免琐细性(类型 2),在 MPS 不出现时,PR 也不能出现,即 $P(C \mid \sim E) = 0$ 。因此,我们总结如下:

$$P(C \mid E) = 1 \text{ 且 } P(\sim C \mid \sim E) = 1$$

琐细类型 1

E \ C	0	1
0	0	1
1	0	1

琐细类型 2

E \ C	0	1
0	1	1
1	0	0

非琐细

E \ C	0	1
0	1	0
1	0	1

第3节 | 充分必要条件(方法5)

上面讨论的四种方法为更复杂的分析提供了基础。首先,它们允许我们识别那些既充分又必要的条件。其次,它们提供了进行多变量分析和联合分析法的工具。

为了识别那些充分必要条件,我们必须使用两种真值表。将充分条件和必要条件的真值表组合起来,使我们能识别出充分必要条件。然而,与只依赖组合Ⅱ来拒绝假设不同,这一组合依据组合Ⅱ与组合Ⅲ来拒绝假设。

真值表如下:

	C	$\leftrightarrow$	E
Ⅰ	1	1	1
Ⅱ	1	0	0
Ⅲ	0	0	1
Ⅳ	0	1	0

在这里,↔(或≡)代表"等价于"或"互为蕴含"。在简单的充分或必要条件的真值表中,只有组合Ⅱ的中间栏是0,而在充分必要条件的真值表中,组合Ⅱ与组合Ⅲ中间一栏都为0。

在实践中,我们先后使用这两张真值表。首先,排除那些非充分条件。其次,在第一阶段检验中"存活"下来的条件里面排除非必要条件,剩下的条件就都是充分必要条件了。

事件（个案）	潜在的充分必要条件（自变量）									结果（因变量）
	C_1	C_2	C_3	C_4	C_5	.	.	.	C_m	E
1	1	1	1	1	1	.	.	.	.	1
2	1	0	1	0	1	.	.	.	.	1
3	1	0	0	1	1	.	.	.	.	1
4	1	1	0	0	1	.	.	.	.	1
5	1	1	0	1	1	.	.	.	.	1
6	1	0	1	0	0	.	.	.	.	0
7	1	1	1	0	0	.	.	.	.	0

如果 C 是 E 的充分条件,则当 C 出现时,E 也总是出现,即 $P(C \mid E) = 1$;而当 C 出现时,E 不能不出现,即 $P(C \mid \sim E) = 0$。若非如此,则可以根据组合Ⅱ而拒绝 H。在上表中,可以拒绝 C_1、C_2、C_3 作为 E 的充分条件。不仅如此,如果 C 是 E 的必要条件,则当 E 出现时,C 也总是出现,即 $P(C \mid E) = 1$;同时,当 E 出现时,C 不能不出现,即 $P(\sim C \mid E) = 0$。若非如此,则可以根据组合Ⅲ而拒绝 H。这就排除了 C_4 作为 E 的必要条件。这一方法实际上基于求同求异并用法(或称"间接法")。

第4节 | 用逻辑代数进行多变量分析

前面的方法受到批评是由于它过于复杂，尤其是应用于多变量分析时。

这方面方法的发展来自逻辑运算（Cohen & Nagel，1934；Nagel，Suppes & Tarski，1963；Roth，2004；von Wright，1951）。这一节将首先展示逻辑代数的基本符号及它们在多变量研究设计中的用处。其次将介绍布尔分析法。最近，有些很有影响的文献强调在多变量分析中设置代数方法的可能性（Ragin，1987：85—163）。当代比较研究设计最主要的优势在于，它可以容纳解释变量的建构或组合。

复合陈述

多变量分析研究者寻找的是充分和/或必要条件的组合属性，而非单个属性。拉津把这种“组合逻辑”作为比较法最突出的特点（Ragin，1987：5）。与依照递增性逻辑逐个检验潜在充分或必要条件假设的经验有效性不同，这种方法检验变量按特定方式组合时的有效性。为解释如何实现这一点，在此需介绍一些基本的逻辑代数。

多变量分析基于联合陈述中的三个基本布尔符号或连

接词:且、或、非。

联合符(且)用符号表示是"·"或者"∧"。联合符产生两个组成成分都为真(1)的联合陈述(C_1 且 C_2)。只要任一个成分为假(0),那么,这一联合陈述就为假。下列真值表说明了复合陈述在其组成项取不同组合形式时的取值:

C_1	C_2	$C_1 \cdot C_2$
1	1	1
1	0	0
0	1	0
0	0	0

析取符(或)用符号"+"或"∨"表示。[20] 析取式产生一个联合陈述,当任何一个(或全部)组成项为真时,该联合陈述均为真。只有当两者均为假时,联合陈述才为假。下列真值表表明了一个复合陈述对其组成成分组合形式的取值:

C_1	C_2	$C_1 \vee C_2$
1	1	1
1	0	1
0	1	1
0	0	0

否定式(非)表示为"~"。否定式提供了与任何为真陈述相反的取值(简单或联合陈述)。它尤其重要,因为它表示原因不成立 ($C = 0$) 或结果不成立 ($E = 0$)。[21]

下面举个例子说明联合式(且)。我们发现,单个属性PR(比例代表制)并非 MPS(多党制)的充分条件,且单个属性社会分化程度(SF)也不是 MPS 的充分条件,但联合属性"PR 且 SF"(PR · SF)是 MPS 的一个充分条件。根据方法2,我们排除PR和SF作为单个属性是MPS的充分条件(个案4中,PR没有产生MPS,个案5中,SF没有产生MPS)。然而,PR和SF同时出现却是MPS的充分条件。

事件（个案）	潜在充分条件			结果 MPS
	PR	SF	PR · SF	
1	1	1	1	1
2	1	1	1	1
3	1	1	1	1
4	1	0	0	0
5	0	1	0	0

在布尔代数中,联合符“且”被称为“乘法”,其结果是一种特定的因果条件组合。PR · SF→MPS可以被写成:

$$MPS = PR \cdot SF \text{ 或 } MPS = PR\ SF$$

当PR和SF都出现时,MPS也出现。通过符号$1 \cdot 0 = 0$或$0 \cdot 1 = 0$表示。如果两个成分只有一个出现,那么MPS就不会出现。只有联合PR与SF,才能导致MPS,而任一单独成分都不能导致MPS。这种形式的联合陈述也可以纳入“不出现”这一属性。例如,只有当多数票制(M)、非SF(～SF)和“无集中于某地的少数民族”(～TCM)共同作用,才能导致两党制体系(TPS):

$$TPS = M \cdot \sim SF \cdot \sim TCM \text{ 或 } TPS = M\ sf\ tcm$$

在这种情况下,大写字母代表属性成立,而小写字母代表属性不成立。

在布尔代数中,析取符“或”被称为“加法”,用符号“+”表示。这里,加法代表只需任一条件成立,那么结果就会发生。这种形式的代数，就是 $1+1=1$。如果我们想知道在某次给定选举中，是什么导致了竞选失败（LV），我们会发现，很多因素将导致同样的结果：政绩差（PP）、同一意识形态下有新的平行党派出现（NP）或党派领袖的丑闻（PS）。如果任何一个或全部因素成立，那么结果 LV 就会发生。条件陈述 $PP \vee NP \vee PS \rightarrow LV$ 可被写成：

$$LV = PP + NP + PS$$

其含义为，政府政绩差、出现新平行党派或是政治丑闻都可单独导致政党在选举中的失败（或全部 3 个，或任何 2 个的组合）。

联合陈述基于联合（且），而析取陈述则在作出以下区分时很关键：(1)充分非必要条件；(2)必要非充分条件；(3)既非充分又非必要条件；(4)充分必要条件。

析取与多重因果

首先是充分非必要条件。析取法或布尔加法（或）特别重要，因为它允许把多重（元）因果正式化。有时候，经验证据表明某个原因并非唯一原因（Zelditch：1971：299）。析取或加法表明，某条件可由另一个条件取代，并产生同样的结果。

多重因果性可这样表述：给定条件 C_1 是结果 E 的充分条件。然而，既然它不是唯一可能的原因，那么，同样的结果可由另一个充分条件 C_2 引发。这正是析取法（布尔加法）所强调的。其公式为：

$$E = C_1 + C_2$$

根据原因来建立充分条件（方法2）：如果 C_1 是充分条件，那么，当 $C_1 = 1$ 时，总能发现 $E = 1$，即 $P(C_1 \mid E) = 1$，不存在 $E = 0$ 的情况，即 $P(C_1 \mid \sim E) = 0$。同样，如果 C_2 是充分条件，那么，当 $C_2 = 1$ 时，总能发现 $E = 1$，即 $P(C_2 \mid E) = 1$，且不存在 $E = 0$ 的情况，即 $P(C_2 \mid \sim E) = 0$。然后，如个案4和个案5表明的，两者（C_1、C_2）都非必要条件（当 $C_1 = 0$ 或 $C_2 = 0$ 时，结果依然发生）。

个案	C_1	C_2	$C_1 + C_2$	E
1	1	1	1	1
2	1	1	1	1
3	1	1	1	1
4	1	0	1	1
5	0	1	1	1

多重因果代表了析取式构型（或），其中，C_1 和 C_2 都是充分非必要条件。

联合与组合因果

其次是必要非充分条件。联合或布尔乘法（且）很重要，因为它允许把联合因果正式化。有时数据表明，给定因素不能单独产生某个结果，而必须与另外一个因素联合。这表示，一个因果条件必须与另一个联合，才能产生结果。

联合因果性可表示如下：一个给定条件 C_1 是结果 E 的必要条件。然而，因其不是充分条件，则必须在另一个必要条件 C_2 的伴随下，结果 E 才能发生。这可用联合符表示。

其公式是：

$$E = C_1 \cdot C_2$$

根据基于结果的方法 3，如果 C_1 是 E 的必要条件，那么，当 $E = 1$ 时，必然发现 $C_1 = 1$，即 $P(C_1 \mid E) = 1$，同时，不会有 $C_1 = 0$ 的情况，即 $P(\sim C_1 \mid E) = 0$。同样，如果 C_2 是 E 的必要条件，那么，当 $E = 1$ 时，必然发现 $C_2 = 1$，即 $P(C_2 \mid E) = 1$，同时，不会有 $C_2 = 0$ 的情况，即 $P(\sim C_2 \mid E) = 0$。如果这样，那么 C_1 和 C_2 都是 E 的必要条件。不过，如个案 4（对 C_1）和个案 5（对 C_2）所表明的，它们两个都不是 E 的充分条件。

个案	C_1	C_2	$C_1 \cdot C_2$	E
1	1	1	1	1
2	1	1	1	1
3	1	1	1	1
4	1	0	0	0
5	0	1	0	0

联合因果代表的是连接性建构（且），C_1 和 C_2 都是必要非充分条件。

联合连词

最后是非充分非必要条件。举一个更复杂的例子，其中的条件既非充分又非必要条件，但这些条件的两种组合是结果 E 的充分必要条件：

$$E = (C_1 \cdot C_2) + (C_3 \cdot \sim C_4)$$

如果单独取出这四种可能的因果条件，则没有一个是充分的或者必要的条件，如下表所示：

个案	C_1	C_2	$C_1 \cdot C_2$	C_3	C_4	$C_3 \cdot \sim C_4$	E
1	1	1	1	1	0	1	1
2	1	1	1	1	0	1	1
3	1	1	1	1	0	1	1
4	0	1	0	0	0	0	1
5	1	0	0	1	0	1	1
6	0	1	0	0	1	0	0
7	1	0	0	1	1	0	0

首先，很容易看出，根据方法2，没有一个单独条件是可以产生结果 E 的充分条件，因为当所有 C_i 都出现时，E 也可以不出现(最下面两行的个案6和个案7)。其次，通过选择那些 $E=1$ 的个案(方法3)，即当结果发生时，可以排除4个作为必要条件的 C_i，因为 E 在潜在必要条件都不出现时，还是出现了(个案4和个案5)。在所有四个变量中，没一个是 E 这一结果的充分或者必要条件。

然而，上表却表明，C_1 和 C_2 的联合或 C_3 和非 C_4($C_4=0$)的联合产生 E。组合 $C_1 \cdot C_2$ 和 $C_3 \cdot \sim C_4$ 是结果 E 发生的充分条件：当第一对组合出现时，结果就发生；这同样适用于第二对组合。然而，这两对组合没有一组是必要条件，因为当这两对组合不发生(个案4和个案5)时，结果 E 照旧发生。

最后是必要和充分条件。联合与析取法可用于理解充分必要条件。

充分条件 C_1 意味着，无须通过联合其他变量 C_i，就可以产生结果 E。C_1 自身就可以产生结果，即 $P(C_1 \mid E)=1$ 且

$P(C_1 \mid \sim E) = 0$。

必要条件 C_1 意味着，它不能被其他条件 C_i 所取代而产生 E。C_1 必须总是出现在那些事件发生的个案中，即 $P(C_1 \mid E) = 1$ 且不会有 $E = 0$，即 $P(\sim C_1 \mid E) = 0$。用布尔代数表示就是：

$$E = C_1$$

我们用下表来表示 C_1 既是充分又是必要条件：

个案	C_1	E
1	1	1
2	1	1
3	1	1
4	1	1
5	1	1

简化数据

正如我们看到的，联合陈述基于联结符（且）和析取符（或），还有否定式（非）之间的不同组合（各项之和）。这导致复杂且可能很长的陈述，因而有一些逻辑工具被用来简化数据。

第一种简化因果陈述的方法是最小化。这一工具排除了那些出现在一个因素组合（联合）中，但并未在另一个因素组合（析取）中出现的情况，否则组合二会等同于组合一。如果两对因素组合仅有一个因果条件不同，且两对组合都产生了结果（E）（比如，C_3 在一对组合中出现，但在另一组合中未出现），那么，这一条件可被认为与结果不相关。

以三个因素 C_1、C_2、C_3 为例，它们同时出现（通过连词

“且”)是 E 发生的充分条件。我们设想,第二对因素组合(通过连词“或”)也是产生结果 E 的充分条件。然而在第二对组合中,C_3 并未出现($\sim C_3$)。由此可有如下联合陈述:

$$E = (C_1 \cdot C_2 \cdot C_3) + (C_1 \cdot C_2 \cdot \sim C_3)$$

存在两对备择的因素组合,它们都是结果 E 的充分条件。没有一个因素 C_i 单独构成结果 E 的充分(见个案 4、个案 5、个案 6)或必要条件(见个案 7、个案 8、个案 9)。然而,这两对因素组合形成了充分条件(但不是必要条件)。在第一对组合中,三个因素都出现,因此,$C_1 \cdot C_2 \cdot C_3 = 1$。在另一对组合中,只有前两个因素出现,而第三个因素不出现,即 $C_1 \cdot C_2 \cdot \sim C_3 = 1$。

个案	C_1	C_2	C_3	$C_1 \cdot C_2 \cdot C_3$	C_1	C_2	C_3	$C_1 \cdot C_2 \cdot \sim C_3$	E
1	1	1	1	1	1	1	0	1	1
2	1	1	1	1	1	1	0	1	1
3	1	1	1	1	1	1	0	1	1
4	0	1	1	0	0	1	1	0	0
5	1	0	1	0	1	0	1	0	0
6	1	1	0	0	1	1	1	0	0
7	0	1	1	0	0	1	1	0	1
8	1	0	1	0	1	0	1	0	1
9	1	1	0	0	1	1	0	0	1

很明显,C_3 出现与否,对结果 E 并不重要,所以可被排除。无论 C_3 是否出现,E 还是出现了。则“原初”陈述就可被简化成下面这一最简陈述:

$$E = C_1 \cdot C_2$$

$C_1 \cdot C_2$ 这一组合就是 E 的充分条件。

基于两对产生相同结果 E 的因素组合，最小化逻辑隐含了很强的实验性，即只有一个因素是变动的(在一组合中出现，而在另一个组合中不出现)。

根据差异最小设计框架下的求异法，当其他因素都不变时，若唯一变动因素的变动并未导致结果变动，那么就可把它从因果性因素中排除。

第二个用于简化因果陈述的工具是蕴含式，或称“主蕴含”。主蕴含是最小化的陈述，且涵盖一个以上的原初陈述。在上例中，最小化的主要蕴含式($C_1 \cdot C_2$)同时涵盖了($C_1 \cdot C_2 \cdot C_3$)和($C_1 \cdot C_2 \cdot \sim C_3$)。它被认为是蕴含的，涵盖或包括后两者。原初陈述是主要陈述的一个子集。($C_1 \cdot C_2 \cdot C_3$)和($C_1 \cdot C_2 \cdot \sim C_3$)都是($C_1 \cdot C_2$)的子集，($C_1 \cdot C_2 \cdot C_3$)和($C_1 \cdot C_2 \cdot \sim C_3$)都被包括在($C_1 \cdot C_2$)中。

在部分案例中，有几个主蕴含式包括了同一个原初陈述。主要陈述自身是随机的，并且是最小化的陈述，可被进一步简化。这带来了最大的简约性，这当中只有最主要的蕴含式出现在因果陈述中。

以 E 出现的四个个案为例，我们希望确定三个潜在因果条件是不是充分和/或必要条件。在下表中，有四对 C_i 的备择组合(且)产生了相同结果 E，并且通过析取符(或)联结的都是 E 必要条件的备择假设。

个案	C_1	C_2	C_3	E
1	1	0	1	1
2	0	1	0	1
3	1	1	0	1
4	1	1	1	1

此表的原初陈述如下，即每一项都对应上表的一行（一个个案）：

$$E=(C_1 \cdot \sim C_2 \cdot C_3)+(\sim C_1 \cdot C_2 \cdot \sim C_3)+(C_1 \cdot C_2 \cdot \sim C_3)+(C_1 \cdot C_2 \cdot C_3)$$

根据上文讨论的最小化原则：

个案	1 4	$(C_1 \cdot \sim C_2 \cdot C_3)$ $(C_1 \cdot C_2 \cdot C_3)$	最小化为	$(C_1 \cdot C_3)$
个案	2 3	$(\sim C_1 \cdot C_2 \cdot \sim C_3)$ $(C_1 \cdot C_2 \cdot \sim C_3)$	最小化为	$C_2 \cdot \sim C_3$
个案	3 4	$(C_1 \cdot C_2 \cdot \sim C_3)$ $(C_1 \cdot C_2 \cdot C_3)$	最小化为	$(C_1 \cdot C_2)$

因此，最小化陈述就是：

$$E=(C_1 \cdot C_3)+(C_2 \cdot \sim C_3)+(C_1 \cdot C_2)$$

这三个主要蕴含式包括以下这些原初陈述：

$(C_1 \cdot C_3)$	包含了	$(C_1 \cdot \sim C_2 \cdot C_3)$ $(C_1 \cdot C_2 \cdot C_3)$
$(C_2 \cdot \sim C_3)$	包含了	$(\sim C_1 \cdot C_2 \cdot \sim C_3)$ $(C_1 \cdot C_2 \cdot \sim C_3)$
$(C_1 \cdot C_2)$	包含了	$(C_1 \cdot C_2 \cdot \sim C_3)$（已被[$C_2 \cdot \sim C_3$]蕴含） $(C_1 \cdot C_2 \cdot C_3)$（已被[$C_1 \cdot C_3$]蕴含）

因此，$(C_1 \cdot C_2)$就是冗余的主要蕴含式，可以被排除：

$$E=(C_1 \cdot C_3)+(C_2 \cdot \sim C_3)$$

这意味着，E 是由乘法$(C_1 \cdot C_3)$或乘法$(C_2 \cdot \sim C_3)$导致的。两组都是 E 的充分非必要条件（每一组都可由其他组合取代）。

第三种简化因果陈述的工具就是因子分解。更精确地说,因子分解可以帮助我们廓清数据的结构,而非简化它。

首先,因子分解有助于强调必要条件。在下面的因果陈述中:

$$E=(C_1 \cdot C_3)+(C_2 \cdot C_3)$$

C_3 是必要条件(但不是充分条件,见个案6),而 C_1 和 C_2 既非必要(个案7和个案8)又非充分条件(个案4和个案5),如下表所示。相反,两对备择组合 $C_1 \cdot C_3$ 和 $C_2 \cdot C_3$ 都是 E 的充分条件。

个案	C_1	C_2	C_3	$C_1 \cdot C_3$	$C_2 \cdot C_3$	E
1	1	1	1	1	1	1
2	1	1	1	1	1	1
3	1	1	1	1	1	1
4	1	0	0	0	0	0
5	0	1	0	0	0	0
6	0	0	1	0	0	0
7	0	1	1	0	1	1
8	1	0	1	1	0	1

对上述因果陈述进行因子化就表明 C_3 是必要条件:

$$E=C_3 \cdot (C_1+C_2)$$

其次,因子化帮助我们识别因果关系上等价的充分条件。在上例中,C_1 和 C_2 是等价的,它们与 C_3 的组合产生了一个不同的组合,而这两对组合都是 E 的充分条件。C_3 与哪个条件联合并不重要(它是等价的),因为两种联合方式都产生了一个充分条件。

第5节 | 超越二分法：模糊集合与电脑程序

由于布尔逻辑是一种把所有取值都降格为或“真”或“假”的代数形式，因而它在计算机科学0/1比特系统的发展过程中起了重要作用。很自然，在一些领域中，基于二分变量的必要和充分条件分析发展起来，尤其在语言学和内容分析领域(Zadeh, 1965)，另一些则在网络搜索引擎技术方面。最初基于二分的0/1系统的方法进化到考虑各项频数，允许它们加权信息和转化系统，以容纳定序的或“模糊”数据(Kraft、Bordogna & Pasi, 1994; Meadow, 1992)。

在社会科学中，拉津以电脑程序进行布尔分析的探索性工作正是追随这一进展的行为。拉津与他的合作者设计的二分变量的电脑程序——定性比较方法(QCA)——正是以电子工程师在20世纪50年代发明的算法为基础的(Drass & Ragin, 1986、1992; McDermott, 1985)。最近，一个新的软件又问世了(Ragin, Drass & Davey, 2003; Ragin & Giesel, 2003)，它把模糊集合纳入了分析(FS/QCA)。这两种方法被广泛地应用于研究中。[22]

从二分变量(0/1)转向定序和间距(或比例)变量时，建立充分和必要条件的原则与规律并无变化。比较方法的目标就是以单个性质或者更典型一点，以构型方式（通过特定属性的组合）来发现充分和/或必要条件。这种建构无论是从 0/1 变量中得来，还是从定序变量中得来，评估它们是否为某结果发生的充分或必要条件的方法并未改变。

“国家形成”这一变量的操作化如下：“早于 1815 年(1)”、“在 1815 年和 1914 年之间(2)”、“第一次世界大战之后(3)”。这一变量可与“工业化”这一变量采用相似的操作化组合：工业化“早于 1870 年(1)”、“在 1870 年和 1914 年之间(2)”、“第一次世界大战之后(3)”。因此，就有 9 种可能的组合。利用上述方法，我们可以检验哪种组合是高水平国家整合的必要或充分条件。这些组合可通过间距或者比例变量来操作化，比如，成年人口的识字率或者城市人口密度水平。

最近，有一种超越二分法的方法，即“模糊集合法”（Mahoney，2000、2003；Ragin，2000）。与传统的明确集合方法不同（个案在经典分类中取值是 0 或 1），模糊集合允许个案处于 0 和 1 之中。比如，在一个明确分类中，一个家庭是“经济上安全的”或是不安全的。在一个模糊集合中，一个家庭可以在经济上“差不多”是安全的，即 0.85，亦即部分是经济安全的，但又不完整。模糊集合归属度分数根据它们归属于集合的程度而确定。美国并不完全属于“民主”，但差不多是“民主”的（美国的民主分数是 0.80）（Ragin，2000：176）。这提供了一个额外的方法对数据进行归类，如家族相似性和向心分类。

“变量取向”的研究分类是从个案取值中被创造出来的（安全的社区是那种犯罪率低于 5%的社区；经济上安全的家庭是那些收入在 4 万美元以上的家庭），而模糊集合“测度”

则根据属于某个类别的程度来对个案赋值。这是一个根据某个给定属性对个案赋值的方法，而研究者对特定个案的知识在赋值过程中扮演着重要的角色。

最后，利用0/1数据，通过操作符或“联结词”——“非”、“且”和“或”形成联合陈述同样是最重要的。在这方面，模糊集合法与传统的明确集合法存在一些区别（Ragin，2000：171—178）。下面将讨论条件陈述正式化过程的差异。我们不讨论如何给个案赋值。

必要与充分条件

如果C是结果E的必要条件，那么，对所有事件而言，只要E存在，C也必然成立。如果“战争失利”对“社会革命”而言是必要的，那就不可能在没有“战争失利”的情况下发生一场社会革命，即$P(\sim C \mid E)=0$。然而，有可能“战争失利”发生了，但没有社会革命发生（“战争失利”并非充分条件）。因此，如果所有事件$E=1$，那么必须有$C=1$；有可能$E=0$，而$C=1$，那么$E=1$就是$C=1$的一个子集。试想有15个国家，其中10个采取比例选举制（PR），而其中又有8个是多党制（MPS），2个是两党制（TPS）。所有的MPS都有PR，即$P(\sim C \mid E)=0$，但不是所有的PR都导向MPS（有2个两党制例外）。那么，MPS＝1（因变量）就是PR＝1（自变量）的一个子集。

如果离散取值0和1都可被两个极端值之间的模糊集合取值所取代（比例选举制的程度和党派的数量），那么这一逻辑并未改变。如果高比例制是党派数量多的必要条件，那么，我们必然找不到高党派数量与低比例制水平并存的国家，即 $P(\sim C \mid E)=0$。另一方面，所有那些存在更多党派的国家，必然有高比例的代表制，即 $P(C \mid E)=1$。然而，也可能有很高的比例制，但只有少数党派的国家（因为比例制是多党派的必要非充分条件）。如前面讲的，多党派这一事件是高比例代表制的一个子集。

下面的散点图描述的是 C（比例代表制）是多党派的一个必要条件（用"·"表示）时的情况。当研究者发现结果的分数比原因的分数小（或相等）时，就可以总结说，我们展示的是一个必要条件。

如果 C 是结果 E 的一个充分条件，那么，对所有 C 出现的个案而言，E 都必然出现。如果"战争失利"是"社会革命"的充分条件，那么就不会有"战争失利"却不出现"社会革命"的例子存在，即 $P(C \mid \sim E)=0$。然而，我们可能会发现有出现社会革命，却不存在战争失利的国家。战争失利并非必要条件，同样的结果可由不同的因素引发，比如"镇压性体制"。如果所有个案 $C=1$ 都必须有 $E=1$，但可能存在 $E=1$ 而 $C=0$ 的情况。因此，$C=1$ 就是 $E=1$ 的一个子集。试想有 15 个国家，其中 10 个有 MPS，在这 10 个国家中，又有 8 个国家有民族多样性（FRAG），而有 2 个国家是同质民族。那么，所有 FRAG 都带来 MPS，即 $P(C \mid E)=1$，但不是所有 MPS 都需有 FRAG（有两个例外）。FRAG $=1$（自变量）就是 MPS $=1$（因变量）的一个子集。

用模糊取值取代离散变量，民族多样性程度高就是多党派的充分条件，因此，我们不会发现有民族多样性高而党派少的国家，即 $P(C \mid \sim E)=0$。然而，我们可以发现党派多却

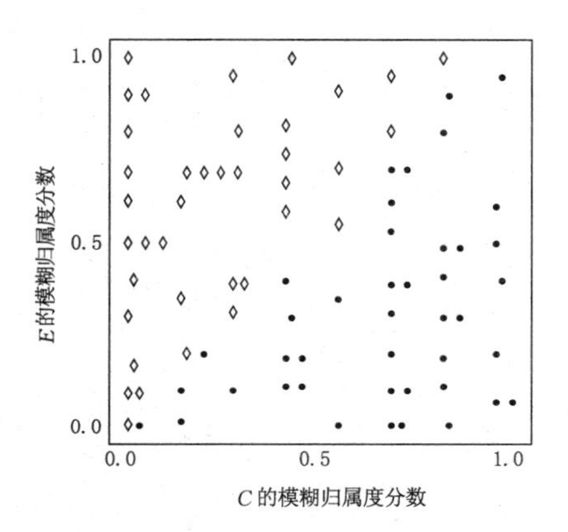

并无民族多样性的国家(因为FRAG并非必要条件,可以被其他因素,如PR取代)。因此,民族多样性是多党派的一个子集。

如果C是多党派的充分条件,那么,其取值在理论上的分布用符号"◇"在散点图中表示。当研究者发现那些结果取值大于或等于原因的取值时,就可能得出结论说,我们展示的是一个充分条件。

复合陈述

如上所述,我们的讨论局限于三个主要符号,即"非"、"且"和"或"。

第一,"非"。在数据库中,如果存在二分变量,那么,"非"就是相反的取值:0的"非"就是1,反之亦然。在模糊集合中,"非"指1减去模糊归属度分数:

集合A中的非模糊归属度分数 $=1-$[集合A中的模糊归属度分数]

例如，如果英国在“比例代表制”(PR)这一集合中的模糊归属度分数是0.10，那么，其“非”(即在集合“非 PR 体制”中的模糊分数就是 0.90)：

$$\sim 0.10 = 1 - 0.10 = 0.90$$

下表在$\sim C_1$栏给出了非 C_1 的分数。

第二，“且”。在二分变量数据库中，“且”发生是指几个因素必须都成立，才能产生一个结果($C_1 \cdot C_2$)。这两个因素都必须取值为 1 才能产生结果。在模糊数据库中，个案可能在 C_1 和 C_2 所代表的不同集合中具有不同程度的归属度分数(亦见下表)。那么，个案的模糊归属度分数在“联合集合”中的分数，取的是两者中最小的分数。

个　案	PR C_1	FRAG C_2	非 $\sim C_1$	且 $C_1 \cdot C_2$	或 $C_1 + C_2$
英　国	0.10	0.40	0.90	0.10	0.40
比利时	0.95	0.80	0.05	0.80	0.95
意大利	0.40	0.20	0.60	0.20	0.40

再次考虑一个关于 MPS 原因的陈述。在二分变量数据库中，一个假设是说，PR 和 FRAG 的组合是产生 MPS 的充分条件，即 PR · FRAG = MPS。如果两者都出现，那么 MPS 也出现。为确定一个国家是否属于同时具有 PR 和 FRAG 两个特征的集合(国家)，我们取最小值。

如果一个国家，比如，美国或者意大利，在下表中，PR 取值为 0，民族多样性取值为 1，那么，联合陈述 PR · FRAG = 0，即在 PR = 0 和 FRAG = 1 中取两者最小的值。这同样适用于模糊集合取值。假设有一个国家，如上表中的英国，其在 PR 模糊集合上取值是 0.10，在 FRAG 上取值是 0.40。在此情况下，其在既是比例代表制，又是民族多样性的国家集合中的分数就是0.10。

个案	PR C_1	FRAG C_2	非 $\sim C_1$	且 $C_1 \cdot C_2$	或 $C_1 + C_2$
美国	0.00	1.00	1.00	0.00	1.00
印度	0.00	1.00	1.00	0.00	1.00

第三，"或"。析取符是另一个用于复合陈述的常见符号。在传统的数据集合中，析取符是指一个或另一个因素出现，就可以产生结果（C_1+C_2）。至少有一个因素必须取1，才能产生结果，但不必两个同时取1。在模糊数据集合中，个案可能在由 C_1 和 C_2 代表的集合中具有不同程度的分数。与联合符相反，在数个因素的析取集合中，模糊归属度分数是取其最大的归属度分数。

还是用上面的例子，我们假设联合陈述PR或多成员选区(MM)是MPS的必要条件，或是PR，或是MM，但不必两者同时出现（PR+MM＝MPS）。即使选举程序是多数制，而非PR，但选区规模较大会有同样的"比例化"效果。然而，如果两者都不出现，那么结果就不会发生。

比如，英国在19世纪时，大部分选区是多成员的，即PR分数是0，而MM分数为1，那么，复合陈述分数就是1（PR＋MM），即PR＝0和MM＝1两者中的较大值。当我们用模糊分数取代离散变量时，这同样适用。假设有一个国家，比如英国，其在PR（比例选举制集合）上的模糊归属度分数是0.10，在MM（在多地区选区国家集合）上取值是0.70。在此情况下，英国在有PR或有多成员选区的集合中的分数就是0.70。

如前面所讨论的，通过这些操作符，我们可使用必要和充分条件来正式化复合因果陈述。这些技术，特别是当它们得到电脑软件的帮助时，就能作出更复杂的分析，远远超过此处展示的基本原则。

评　估

第1节 为何比较、比较什么及如何比较?

为何进行比较？因为我们可以通过比较控制变异。首先，通过比较，我们可在不同个案的某些属性上发现一些差异性和相似性。不进行比较的话，诸如“人口密集”这类描述性的陈述就毫无意义。无论处理名义的、定序的，还是定距的测度，只有通过比较，类型、顺序和数量才能确立。而正是共享属性取值的比较，允许我们识别相似性和差异，并发现其随时间推移而发生的变化。其次，比较方法允许我们控制解释性陈述，并系统性地利用经验证据检验那些以“如果……那么……”形式出现的有关社会现象因果关系的假设。若没有比较，无论你使用的方法是密尔法、布尔代数，还是统计方法，都不可能对变量间的关联进行检验。在此意义上，个案取向方法与变量取向方法并无本质区别。

比较什么？一切都是可比的，并没有什么逻辑限定什么是可比的。首先，比较方法适用于所有类型的研究单位（比如，地域单位、组织或者个体）。其次，在选择个案时，并无空间和时间的限制。只要我们不是比较个案本身，而是个案间共享（共同）属性，那么，所有个案都是可比的。这一点同样适用于布尔代数技术和统计学方法。

如何进行比较？我们通过逻辑进行比较。第一，分类学处理允许我们定义能够“跨情境”的概念，并使个案可比。第二，分类法允许我们把研究关注的因果关系从那些研究者希望控制的其他因素中分离出来。第三，逻辑方法是从密尔的求同法和求异法或统计学方法中发展出来的，它们提供了严谨的技术来建立现象间关联陈述的经验有效性。第四，逻辑连词（且、或、非）允许研究者组合不同的自变量来为每个个案构建不同的因素组合与构型。第五，逻辑方法允许用必要和/或充分条件的术语来建立因果关联的陈述。

第2节 | 比较法的优势

比较通常被认为是一种最重要的认识世界的智力工具。几个世纪以来，逻辑哲学家们都把比较法放在他们认识论的中心地位。比较是所有方法的核心：实验方法（通过比较试验组和控制组）、统计方法（通过比较列联表中的不同组别或者方差分析），以及在最近20年发展起来的小样本研究和布尔代数方法（基于密尔的求同求异并用法）。

比较方法最明显的优势在于，它使社会科学成为可能。在统计分析中，比较通常与跨国差异模型联系在一起——以国家层面的属性（变量）作为控制或情境变量。在此意义上，比较使那些跨国的或者跨时间的（如果比较的是不同时点的单位），或者跨组织的（如果比较的是不同对象，比如，制度、社会关联、部落等等）变异有意义。用布尔代数来分析稀有现象和少数个案的技术有特别的优势。

从消极的角度看，当“不利条件”使其他方法，比如实验法和统计法，难以被运用时，布尔技术依然可提供一个坚实且逻辑严谨的备择方法。布尔比较方法可以比其他方法更好地处理那些涉及过度决定的研究问题（因为“样本太小，变量太多”）以及那些涉及质性属性、二分变量和那些有较高风险且是决定性而非概率性的陈述。那些“不利环境”不应当被归罪于布尔方法本身。与其因其处理情况的不利而把布尔方法看做弱的方法，不如这么看：尽管布尔方法不能像统计系数那样提供结论所需的测度，但布尔方法的优势正在于，在其他方法都失败的情况下，它依然可处理这些问题。

同时，从积极的视角看，基于逻辑代数的比较方法有一些独特的优势。我们通常认为，比较方法的优势如下：(1) 区分充分和必要条件的能力，即一种超越现象间单纯关联性的因果逻辑；(2) 处理多重因果性的能力；(3) 模型化独立因素的能力，比如属性的组合与构型。

第3节 | 不同方法的整合路径

如果我们考虑的是根本性原则，比如，通过相关性和控制来检验逻辑关系，那么，不同方法之间存在着相似性。另外，我们也能发现统计方法和比较方法越来越多的共同点，因为它们各自处理了其他方法无法处理的问题。最近，围绕统计学如何处理多重因果性、组合性解释、定类变量以及比较方法如何处理连续数据和概率性解释，产生了一些争论。事实上，这两种方法之间的共通性比通常想象的要多得多。

关于两者之间的整合，有三种主要的观点。

组合性解释

人们经常宣称，统计学不能包括组合性或者构型性类型的解释，列联表、双向方差分析以及对数线性模型分析表明，这一逻辑同样出现在统计技术中。同样，布尔代数等方法允许我们评估到底是哪类自变量①的取值组合导致某个结果（比如，一个因变量的具体取值）。多变量列联表或许是在组合性解释方面最接近布尔代数的统计技术。

① 原文是 dependent variable，根据文意，应当是自变量，故改正。——译者注

进言之，在多元回归分析中，交互作用等同于组合性。只有当另一个自变量 X_2 值给定时，自变量 X_1 取值的变化对因变量 Y 才有影响。在此意义上，交互性因果关系确实处理了因果性的组合类型(Jaccard & Wan, 1996; Jaccard & Turrisi, 2003)。

定类变量分析

这同样适用于定类变量分析。统计学提供了一些方法来处理名义的、定类的测度(甚至是二分变量)。因此，它就与布尔代数的另一个特殊性结合在一起。列联表是比较分析中常用的统计分析技术，因为它们允许研究者处理名义和定类变量。在广义的历史比较研究中，这些变量往往是主要的数据类型。

在此，需要提到另一项技术，即虚拟变量回归(Hardy, 1993)。举例来说，如果有一个名义自变量——五种宗教团体——在回归分析中，我们需要选择一种宗教作为参照组，并对其余宗教赋值：如果属于这一类，赋值为1；不属于这一类，赋值为0。因此，对于每一种宗教，都有一个虚拟变量对应。用虚拟变量方法进行回归的好处是，其结果总是包括自变量每一个类别的精确效果(名义变量的类别变成了多个虚拟变量)，而方差分析和列联表方法都只能局限于自变量的总体效果。

最后，对数线性分析或许是最重要的定类变量分析技术(Ishii-Kuntz, 1994; Knoke & Burke, 1980)。对数线性模型的特殊例子是 logit 模型(或者是 multinomial logistic 回归)

和 porbit 模型，它们处理的都是二分变量（Aldrich & Nelson，1984；DeMaris，1992；Kant Borooah，2001；Liao，1994；Menard，2001；Pampel，2000）。对数线性模型分析被认为是列联表“回归风格”的延续，可容纳更多变量（变量太多会使列联表不可读，且难以理解）。这一技术允许我们决定哪种自变量组合对因变量具有更强的效果。在此意义上，对数线性分析非常接近于比较方法中的构型性和组合性的本质。不仅如此，作为回归分析的变异，对数线性模型还分析评估每一种组合的效果。

总结一下，如果我们一方面考虑诸如多变量列联表、双向方差分析、对数线性分析以及交互作用，而另一方面考虑概率性的、由布尔代数进化而来的模糊集合分析，那么，这两种方法（统计方法、比较方法）根本没多大差异。

概率性关系

布尔比较方法是不是决定性的？有些作者提出，求同法与求异法必然导致决定性的结果，而统计方法是概率性的（Goldthorpe，1997a、1997b、2000：45—64；Lieberson，1992、1994、1998）。在此，我们看到，差别并不如他们强调的那么大：

首先，如果给定因素出现，总是导致特定结果的出现（“X_1”成立时，则有“Y”），那么这一因果命题就被认为是决定性的。只要有一个个案与假设的关系不符，就可以推翻它。而这种与假设相反个案的存在，使我们得出，“X_1”对“Y”没有影响。此时的关系不变，是完美关联的（相关系数是±1.0）。

其次，如果给定因素出现时，特定结果出现的可能性增加(当“X_1”时，则“Y”出现的概率或者频数增加)，那么这一因果命题就被认为是概率性的。一两个反例并不能拒绝因果关系假设。拒绝假设依赖于频数的分布(研究者在“H_1”和“虚无假设”两者之间选择)。概率性命题基于不完美的因果关联性(相关系数在±1.0之间)。

社会科学中并不存在决定性关系。持有这种“天真概念(的人)，并不会走得太远”(Galtung, 1967: 505)。决定性命题在社会科学中特别不切实际，因为有以下因素存在：(1)数据本质——复杂的多变量因果模式；(2)测量误差——一组数据偏离假设可能是由于测量误差，而并非关系不成立；(3)不可能控制所有变量——研究者只能尝试控制那些他们认为从理论上讲或许有作用的重要因素；(4)偶然性——由于巧合导致的关系。因此，从决定性命题通过“概率性革命”转向非决定性命题是社会科学的一大进步(Krüger、Gigerenzer & Morgan, 1987; Lieberson, 1985: 94—97)。在社会研究中，研究者根据正面案例、反面案例的频数接受或拒绝假设。

那些在小样本研究中应用密尔法的研究者，都认为密尔前两个或前三个方法是决定性的。对拉津来说，“(求异法)被用于建立无变异的模式，不完美的(比如，概率的)关系属于统计理论的领域”，并且“它们被设计来发现无变异模式和不变的关联”(Ragin, 1987: 39—40、51)，即不变的因果构型是必要的(而非可能的)组合，它导致某些结果(Ragin & Zaret, 1983: 743—744)。对斯考切波来说，同样，“与概率性技术的统计分析相比……比较历史分析……尝试识别不变的因果关系，那些必要的(而非可能的)组合导致我们感兴趣的结果”(Skocpol，1984a：378)。

然而，布尔逻辑只适用于变量间决定性关系的想法并不恰当。事实上，这并非其内在逻辑。逻辑方法不能独一无二地与决定性命题联系在一起。在频数分布中，某因素被接受为充分或必要条件，并非因为没有个案与假设冲突，而是因为这些反例很少。比较研究可基于频数分布，在其中，接受或拒绝必要或充分条件并非依靠条件在所有事件中的出现/不出现，而是它们在进行比较的众多个案中出现/不出现的多少。如果建立的置信水平是 n(即我们认为可接受虚无假设的个案数量)，那么，当正面案例数量 $\leqslant n$ 时，我们接受虚无假设；当正面案例数量 $\geqslant n$ 时，我们拒绝虚无假设(接受备择假设)。

接受或者拒绝一个原因是否成立的水平(n)是武断地设定的，临界点完全在研究者的掌握之中。利用统计方法，研究者武断地决定自变量和因变量的关系是“强”还是“弱”(举例来说，在社会科学中，皮尔逊相关系数 $r = 0.30$ 通常被认为是强相关)。临界点很明显受到个案数量的影响。戈德索普(Goldthorpe)和利伯森(Lieberson)明确地提出，有些方法之所以是决定性的，并非因为求同法、求异法的逻辑本身如此，而是因为个案数量(小样本问题)。总的来说，N 的数目越小，一个反例就越可能导致假设被拒绝。若总共有两个个案，那么，一个反例就导致完全的不确定性(50%)；而十个个案中只有一个反例就“好多了”。利普哈特反对“给予反面发现以过分重要性的谬误”，但他同样认识到，“在小样本个案的比较分析中，一个偏离个案就会显得很突出”(Lijphart，1971：686)。[23]

在此过程中，偏离个案扮演了重要的角色。它们弱化了假设，但并未使假设变得无效。偏离个案分析是利普哈特辨别出来的六种个案分析方法之一（Lijphart，1971：691—693）。个案研究作为方法，其地位模糊是因为它不是一个概括性的行为。对许多人而言，个案研究分析不是一种方法。[24]尽管如此，偏离个案分析仍可用于揭示为何个案是偏离的，并指出原先设计中未考虑到的额外变量。如果这么运用，则个案研究便具有理论上的价值。偏离个案弱化了原先的假设，但研究它们可以帮助修改并增强原先的命题。

第9章

结　论

比较研究方法是社会科学依然在寻找“通用语言”的时期发展起来的。即理论的和操作的概念，可不受本质的、时间的或空间的限制而被运用。这一过程与客观的“*N*”的扩展同时发生，这种扩展由于后殖民地区的民主化进程、研究者主观兴趣的增加以及新兴国家数据被大量收集而产生。这一步暗示着“用变量来取代合适的名字”(Przeworski & Teune, 1970)定义那些能够“跨情境”的概念(Sartori, 1970)，并将“普遍集合”应用于所有社会系统(Almond, 1966; Lasswell, 1968)。另外，因个案数量过少而研究问题过多，这也涉及对变量的简洁运用，并导致了“强烈反对……‘构型的’或‘情境的’分析”(Lijphart, 1971: 690)，因其不能生成一般化的陈述。

社会科学中关于比较方法的早期著作强烈反对“构型的”或“组合的”分析，其中列出了一大堆潜在解释变量(Braibanti, 1968: 49; Przeworski & Teune, 1970)。这与当今发展复杂的、构型性、组合性方法的趋势相悖。30年后，社会科学方法的争论，很大一部分关注另一个方向的“反应”，即从“变量取向”方法回摆到“个案取向”和整体方法，后者可在更“深入”的中层情境下对属性进行分析。正如戈德索普指出的,这代表了整体主义的复活,这与普沃斯基和特恩提出的强调用变量取代"特定名字"的工作背道而驰(Przeworski & Teune, 1970)。另外,如果有研究者关注"整个"个案,那么,他依然指向个案一系列的特性或者属性。只有当我们比较个案取值或共享属性时,比较才可能进行,即比较的是变量(Bartolini, 1993: 137; Goldthorpe, 2000)。用"变量"这一术语进行思考而不再限定于"变量取向"的方法中,成为变量和个案取向方法的共同特点。

读者应当认识到,社会科学中这一争论不是最近才发生,而是20世纪60年代以来,"比较方法"在社会科学各分支领域得到迅速发展后一直存在的,尤其是在人类学、社会学和政治学(比较政治学)领域。因此,读者现在应当清楚,尽管有时这些争论很激烈,但两种方法之间存在着逻辑本质和方法论的共同性,即大样本设计和统计方法、小样本设计和布尔逻辑方法。

本书试图强调这些共同点。两个方法最终都是变量取向的(尽管有些个案分析是"深"的,而不属于变量取向),都可处理构型性和组合性的因果性,同时还能处理叠加性的因果关系;两种方法都建立不同类型的变量模型——离散的和连续的以及定类的、定序的和定距的;两种方法都尝试建立概率性的而非决定性的因果性评估。每种方法都有其独特的优势和弱点,但其共同点或比差异更多。或许对不同方法进行更系统和深入的比较,会揭示更多更根本的潜在共同性。

本书的目的,是展示在所有控制变异的社会科学方法中,存在许多比较原则——实验法、统计变量取向的方法以及小样本个案取向的比较方法——从而作出了超越不同方法的科学尝试。因此,比较被认为是一个所有方法共有本质的根本逻辑原则,它使我们可以积累研究成果,收集、编码数据,并得出更一般化的结果。

注释

[1]“定性的”这一术语在这里指的是离散的、二分的、定类的或者定序的测量层级。这一术语并不指代质性方法，比如，民族志、访谈分析、日记的内容分析、生活史、话语或基于影像与档案的研究方法、情境分析、参与观察以及自我观察。在此意义上(定性特指二分、定类变量的测量)，我们才可认为，“定性比较方法”的内在逻辑事实上与定量逻辑一致，即它是一种基于控制变异来检验自变量和因变量之间因果关系的实证方法。

[2](实验)操控同时关注实验变量(可操纵变量或内部变量，即研究者希望检验其作用的变量)与控制变量(外部变量)。研究者控制控制变量，是为了把它们的影响排除掉。

[3]求同求异并用法亦被称为“间接差异法”。本书使用“求同求异并用法”，与密尔的用法保持一致。

[4]比较法并非如其宣称的，是唯一基于逻辑的方法，因此，不可能维持比较法“基于逻辑方法”的独特地位(Ragin，1987：15)。统计法同样基于逻辑准则。

[5]密尔提出，“共存本身必须被求异法证明”(Mill，1875：465)。

[6]研究者希望通过控制某些因素来排除其对实验性自变量和因变量关系产生的影响。当然，研究者基于既有知识、洞见和运气来决定哪些因素相关，从而应该被控制。

[7]在这一时期，有大量关于比较法的著作是从人类学领域引进的(Eggan，1954；Radcliffe-Brown，1951、1958；Sjoberg，1955)。

[8]参见 Andersen(2007)、Berry & Feldman(1985)、Bray & Maxwell(1985)、Breen(1996)、Dunteman & Ho(2005)、Fox(2000a、2000b)和 Lewis-Beck(1980、1995)的研究。

[9]当我们谈及个案的数量而非它们的大小时，有些学者偏向于谈论“少数样本”而非“小样本”。博伦、恩特威斯尔和奥尔德森在 QCA 和其他软件开发之前就已经表明了这一点，大部分比较研究都是基于少数个案的(Bollen、Entwisle & Alderson，1983：327—328)。

[10]跨系统扩散不应与下面这些混淆：(1)渐进主义或者某既定变量的变动，依赖于同一个变量先前的变动；(2)全球力量(全球性条件随时间的变化而影响所有个案)。

[11] $Df=(N-V)-1$，Df 是自由度，N 代表个案数量，而 V 是自变量(解释变量)数量。所以，当有两个个案、一个自变量时，$Df=0$，就是任何基于这种分析的因果关系都是无效的(Campbell，1975)。

[12]金、基奥恩和韦尔巴也建议增加观察值的数量(King、Keohane &

Verba，1994)。如上所述，这并非屡试不爽。

[13] 相比"概念"，我们更倾向于使用"类别"这一术语。因为它直接指向分类问题，指向一个概念的边界(Collier & Mahon，1993：853)。

[14] 等价问题引来怀疑论的建构主义者的极端批评。他们质疑，是否可能存在能形成"跨文化、规律似的因果概括"的比较政治科学(MacIntyre，1972：9)。这一批评基于密尔给出的警告，即在社会世界中去假定相似性要小心，因为很多时候相似性是表面的、具有误导性的。有学者举了这些例子，比如，阿尔蒙德和韦尔巴指出，"自尊心"概念在英国和意大利具有不同的含义，"政治党派"在非洲和西方世界也指向不同类型的组织形式(Almond & Verba，1963)。

[15] 除了这些基本规则，分类法还必须具有一定的稳定性，即它们不能总是频繁变动，尤其是在使用纵贯数据时；分类还必须是平衡的，不能在某一类中有太多个案，且每一类别包含的个案数量应当均衡。

[16] 这些备择的分类方法基于集合理论。第三种针对经典分类问题的备择方法同样基于集合理论，即"模糊集合"，这些一定程度上都基于并正式化了其他的模糊分类方法。这一问题会在下文进一步讨论。

[17] 如戴穆尔和伯格-施洛瑟指出的，差异最小设计方法关注相似个案之间自变量的属性(而因变量的取值是不同的)(De Meur & Berg-Schlosser，1994)。正因如此，他们讨论了异果差异最小设计(MS-DO)。参见下文的讨论。

[18] 这里使用 C 和 E 而不是 p 和 q 来取代经验属性或性质的简单陈述。

[19] 这一否定式或消除性的确认方法，在剩余法(第四原则)那里表达得更为清楚，表达如下："从一现象中减去那些在先前归纳中已知是某些前件之结果的部分，那么，现象剩下的部分就是剩余前件的结果。"(Mill，1875：460)这很明显是排除法，适用于所有的方法。然而，根据涂尔干的观点，这一方法在社会科学中并无特别的作用，因为社会现象过于复杂，不可能排除一个原因之外的所有其他因素。

[20] 包含性析取式指的是，"无论何时"，只需有任何一个为"真"，那么联合陈述就为真(灯不亮，是因为"要么开关关着，要么灯泡烧掉了")。而一个排除性析取式是"要么……要么"，但两者不能同时出现，这可以表示为$(C_1+C_2)\cdot\sim(C_1\cdot C_2)$。

[21] 否定式真值表如下：

C	$\sim C$
1	0
0	1

[22] 软件和手册可以在网上下载。其他软件程序，如 TOSMANA（小样本分析工具），由 Lasse Cronqvist 开发，见 www. tosmana. org。

[23] 正因为这样，许多作者偏向于使用确证而非证明，用弱化而非证伪或拒绝。

[24] “个案研究在解释方面没有用处……比如，我们不能用美国家庭的研究得出结论说，工业化导致大量孤立的核心家庭。城市化、边疆地区或者清教徒传统，同样可以导致这种结果。”（Zelditch，1971：288—289）

参考文献

Aldrich, J. H., & Nelson, E. (1984). *Linear Probability, logit, and probit models*. Quantitative Application in the Social Sciences, No. 45. Beverly Hills, CA: Sage.

Almond, G. (1966). "Political theory and political sciences." *American Political Science Review*, *60*, 869—879.

Andersen, R. (2007). *Modern methods for robust regression*. Quantitative Application in the Social Sciences, No. 152. Thousand Oaks, CA: Sage.

Armer, M. (1973). "Methodological problems and possibilities in comparative research." In M. Armer & A. Grimshaw (Eds.), *Comparative social science research: Methodological problems and strategies*. New York: Wiley.

Armer M., & Grimshaw A. (Eds.). (1973). *Comparative social science research: Methodological problems and strategies*. New York: Wiley.

Bacon, F. (1620). "The New Organon(or true directions concerning the interpretation of nature)." In Spedding, R. Ellis, & D. Heath(Trans.), *The Works*(Vol. 8). Boston: Taggard & Thompson(Translated work published 1863).

Bailey, K. (1982). *Methods of social research*. New York: Free Press.

Bailey, K(1994). *Typologies and taxonomies: An introduction to classification techniques*. Quantitative Application in the Social Sciences, No. 102. Thousand Oaks, CA: Sage.

Bartolini, S. (1993). "On time and comparative research." *Journal of Theoretical Politics*, *5*, 131—167.

Barton, A. (1955). "The concept of property space in social research." In P. Lazarsfeld & M. Rosenberg (Eds.), *The language of social research: A reader in the methodology of social research* (pp. 40—53). New York: Free Press.

Benjamin, R. (1977). "Strategy versus method in comparative research." *Comparative Political Studies*, *9*, 475—483.

Berry, W., & Feldman, S. (1985). *Multiple regression in practice*. Quantitative Application in the Social Sciences, No. 50. Beverly Hills, CA: Sage.

Blalock, H. (1961). *Causal inferences in nonexperimental research*. Chapel Hill: University of North Carolina Press.

Blalock, H., & Blalock, A. (Eds.). (1968). *Methodology in social research*. New York: McGraw-Hill.

Blaut, J. (1977). "Two views of diffusion." *Annals of the Association of American Geographers*, *67*, 343—349.

Bollen, K., Entwisle, B., & Alderson, A. (1993). "Macrocomparative research methods." *Annual Review of Sociology*, *19*, 321—351.

Bonnell, V. (1980). "The uses of theory, concepts, and comparison in historical sociology." *Comparative Studies in Society and History*, *22*, 156—173.

Brady, H., & Collier, D. (1968). "Comparative political analytics reconsidered." *Journal of Politics*, *30*, 25—65.

Braumoeller, B., & Goertz, G. (2000). "The methodology of necessary conditions." *American Journal of Political Science*, *44*, 844—858.

Bray, J., & Maxwell, S. (1985). *Multivariate analysis of variance*. Quantitative Applications in the Social Sciences, No. 54. Beverly Hills, CA: Sage.

Breen, R. (1996). *Regression models: Censored, sample selected, or truncated models*. Quantitative Applications in the Social Sciences, No. 111. Thousand Oaks, CA: Sage.

Brown, S., & Melamed, L. (1990). *Experimental design and analysis*. Quantitative Applications in the Social Sciences, No. 74. Newbury Park, CA: Sage.

Burger, T. (1976). *Max Weber's theory of concept formation: History, laws and ideal types*. Durham, NC: Duke University Press.

Campbell, D. (1975). "'Degrees of freedom' and the case study." *Comparative Political Studies*, *9*, 178—193.

Cohen, M., & Nagel, E. (1934). *An introduction to logic and scientific method*. London: Routledge & Kegan Paul.

Collier, D. (1991a). "The comparative method: Two decades of change." In D. Rustow & K. Erickson (Eds.), *Comparative political dynamics: Global research perspectives* (pp. 7—31). New York: Harper Collins.

Collier, D. (1991b). "New perspectives on the comparative method." In D. Rustow & K. Erickson (Eds.), *Comparative political dynamics: Global research perspectives* (pp. 32—53). New York: Harper Collins.

Collier, D. (1995). "Translating quantitative methods for qualitative researchers: The case of selection bias." "Review Symposium: The Qualitative-Quantitative Disputation." *American Political Science Review*, *89*, 461—465.

Collier, D., & Mahon, J. (1993). "Conceptual stretching revisited: Alternative views of categories in comparative analysis." *American Political Science Review*, *64*, 1033—1053.

Collier, D., & Mahoney, J. (1996). "Insight and pitfalls: Selection bias in qualitative research." *World Politics*, *49*, 56—91.

Collier, D., & Messick, R. (1975). "Prerequisites versus diffusion: Testing alternative explanations of social security adoption." *American Political Science Review*, *64*, 1033—1053.

Cook, T., & Campbell, D. (1979). *Quasi-experimentation: Design and analysis issues for field settings*. Boston: Houghton Mifflin.

Copi, I. (1978). *Introduction to logic* (5th ed.). London: Macmillan.

DeMaris, A. (1992). *Logit modeling: Practical applications*. Quantitative Applications in the Social Sciences, No. 86. Newbury Park, CA: Sage.

De Meur, G., & Berg-Schlosser, D. (1994). "Comparing political systems: Establishing similarities and dissimilarities." *European Journal of Political Research*, *26*, 193—219.

Drass, K., & Ragin, C. (1986). *QCA: A microcomputer package for qualitative comparative analysis of social data*. Evanston, IL: Center for Urban Affairs and Policy Research, Northwestern University.

Drass, K., & Ragin, C. (1992). *Qualitative comparative analysis 3.0*. Evanston, IL: Center for Urban Affairs and Policy Research, Northwestern University.

Dunteman, G., & Ho, M.-H. (2005). *An introduction to generalized linear models*. Quantitative Applications in the Social Sciences, No. 145. Thousand Oaks, CA: Sage.

Easthope, G. (1974). *A history of social research methods*. London: Longman.

Ebbinghaus, B. (2005). "When less is more: Selection problems in large-N small-N cross national comparison." *International Sociology*, *20*, 133—152.

Eggan, E. (1954). "Social anthropology and the method of controlled comparison." *American Anthropologist*, *56*, 743—763.

Evans-Princhard, E. (1963). *The comparative method in social anthropology*.

London: Athlone Press.

Fearon, J. (1991). "Counterfactual and hypotheses testing in political science." *World Politics*, *43*, 169—195.

Fox, J. (2000a). *Multiple and generalized nonparametric regression*. Quantitative Applications in the Social Sciences, No. 131. Thousand Oaks, CA: Sage.

Fox, J. (2000b). *Nonparametric simple regression: Smoothing scatterplots*. Quantitative Applications in the Social Sciences. No. 130. Thousand Oaks, CA: Sage.

Frendreis, J. (1983). "Explanation of variation and detection of covariation: The purpose and logic of comparative analysis." *Comparative Political Studies*, *16*, 255—272.

Galtung, J. (1967). *The theory and methods of social research*. Oslo, Norway: Universitetsforlaget.

Geddes, B. (1990). "How the cases you choose affect the answers you get: Selection bias in comparative politics." *Political Analysis*, *2*, 131—152.

George, A. (1979). "Case studies and theory development: The method of structured focused comparison." In P. Lauren(Ed.), *Diplomacy: New approaches in history theory, and policy* (pp. 43—68). New York: Free Press.

Goertz, G., & Starr, H. (2003). *Necessary conditions: Theory, methodology, and applications*. Lanham, MD: Rowman & Littlefield.

Goldthorpe, J. (1991). "The uses of history in sociology: Reflections on some recent tendencies." *British Journal of Sociology*, *42*, 211—230.

Goldthorpe, J. (1994). "The uses of history in sociology: A reply." *British Journal of Sociology*, *45*, 55—77.

Goldthorpe, J. (1997a). "Current issues in comparative macrosociology: A debate on methodological issues." *Comparative Social Research*, *16*, 1—26.

Goldthorpe, J. (1997b). "Current issues in comparative macrosociology: A response to the commentaries." *Comparative Social Research*, *16*, 121—132.

Goldthorpe, J. (2000). *On sociology: Numbers, narratives, and the integration if research and theory*. Oxford, UK: Oxford University Press.

Grimshaw, A. (1973). "Comparative sociology: In what ways different from other sociologies?" In M. Armer & A. Grimshaw(Eds.), *Comparative social research*: *Methodological problems and strategies* (pp. 3—48). New York: Wiley.

Hardy, M. (1993). *Regression with dummy variables*. Quantitative Applications in the Social Sciences, No. 93. Newbury Park, CA: Sage.

Hempel, C. (1952). *Fundamentals if concept formation in empirical science*. Chicago: University of Chicago Press.

Hempel, C., & Oppenheim, P. (1948). "Studies in the logic of explanation." *Philosophy of Science*, *15*, 135—175.

Hoenigswald, H. (1963). "On the history of the comparative method." *Anthropological Linguistics*, *5*, 1—11.

Holt, R., & Richardson, J. (1970). "Competing paradigms in comparative politics." In R. Holt & J. Turner(Eds.), *The methodology of comparative research* (pp. 21—71). New York: Free Press.

Holt, R., & Turner, J. (Eds.). (1970). *The methodology of comparative research*. New York: Free Press.

Ishii-Kuntz, M. (1994). *Ordinal log-linear models*. Quantitative Applications in the Social Sciences, No. 97. Thousand Oaks, CA: Sage.

Jaccard. J., & Turrisi, R. (2003). *Interaction effects in multiple regression* (2nd ed.). Quantitative Applications in the Social Sciences, No. 72. Thousand Oaks, CA: Sage.

Jaccard, J., & Wan, C. (1996). *LISREL approaches to interaction effects in multiple regression*. Quantitative Applications in the Social Sciences, No. 114. Thousand Oaks, CA: Sage.

Jackman, R. (1985). "Cross-national statistical research and the study of comparative politics." *American Journal of Political Science*, *29*, 161—182.

Kalleberg, A. (1966). "The logic of comparison: A methodological note on the comparative study of political systems." *World Politics*, *19*, 69—82.

Kant Borooah, V. (2001). *Logic and probit*: *Ordered and multinomial models*. Quantitative Applications in the Social Sciences, No. 138. Thousand Oaks, CA: Sage.

King, G., Keohane, R., & Verba, S. (1994). *Designing social inquiry*: *Scientific inference in qualitative research*. Princeton, NJ: Princeton University Press.

King, G., Keohane, R., & Verba, S. (1995). "The importance of research design in political science." *American Political Science Review*, *89*, 475—481.

Klingman, D. (1980). "Temporal and spatial diffusion in comparative analysis of social change." *American Political Science Review*, *74*, 123—137.

Knoke, D., & Burke, P. (1980). *Log-linear models*. Quantitative Applications in the Social Sciences, No. 20. Beverly Hills, CA: Sage.

Kraft, D., Bordogna, G., & Pasi, G. (1994). "An extended fuzzy linguistic approach to generalized Boolean information retrieval." *Information Sciences Applications*, *2*, 119—134.

Krüger, L., Gigerenzer, G., & Morgan, M. S. (Eds.). (1987). *The probabilistic revolution: Vol. 2. Ideas in the sciences*. Cambridge: MIT Press.

Laslett, R., Runciman, W., & Skinner, Q. (Eds.). (1972). *Philosophy, politics, and society: Four series: A collection*. Oxford, UK: Blackwell.

Lasswell, H. (1968). "The future of the comparative method." *Comparative Politics*, *1*, 3—18.

Lauren, P. (Ed.). (1979). *Diplomacy: New approaches in history, theory, and policy*. New York: Free Press.

Lazarsfeld, P. (1937). "Some remarks on typological procedures in social research." *Zeitschrift fur Sozialforschung*, *6*, 119—139.

Lazarsfeld, P. (1955). "Interpretation of statistical relations as a research operation." In P. Lazarsfeld & M. Rosenberg(Eds.). *The language of social research: A reader in the methodology of social research* (pp. 115—125). New York: Free Press.

Lazarsfeld, P., & Barton, A. (1951). "Qualitative measurement in the social sciences: Classification, typologies, and indices." In D. Lerner & H. Lasswell(Eds.). (1951). *The policy sciences: Recent development in scope and method* (pp. 231—250). Stanford, CA: Stanford University Press.

Lazarsfeld, P., & Rosenberg, M. (Eds.). (1955). *The language of social research: A reader in the methodology of social research*. New York: Free Press.

Lerner, D., & Lasswell, H. (Eds.). (1951). *The policy sciences: Recent development in scope and method*. Stanford, CA: Stanford University Press.

Levin, I. (1999). *Relating statistics and experimental design: An introduction*. Quantitative Applications in the Social Sciences, No. 125. Thousand Oaks, CA: Sage.

Lewis-Beck, M. (1980). *Applied regression: An introduction*. Quantitative Applications in the Social Sciences, No. 22. Beverly Hills, CA: Sage.

Lewis-Beck, M. (1995). *Data analysis: An introduction*. Quantitative Applications in the Social Sciences, No. 103. Thousand Oaks, CA: Sage.

Liao, T. (1994). *Interpreting probability models: Logit, probit, and other generalized linear models*. Quantitative Applications in the Social Sciences, No. 101. Thousand Oaks, CA: Sage.

Lieberson, S. (1985). *Making it count: The improvement of social research and theory*. Berkeley: University of California Press.

Lieberson, S. (1992). "Small Ns and big conclusions: An examination of the reasoning in comparative studies based on a small number of cases." In C. Ragin & H. Becker(Eds.), *What is a case? Exploring the foundations of social inquiry* (pp. 105—118). Cambridge, UK: Cambridge University Press.

Lieberson, S. (1994). "More on the uneasy case for using Mill-type methods in small-N comparative studies." *Social Forces*, *72*, 1225—1237.

Lieberson, S. (1998). "Causal analysis and comparative research: What can we learn from studies based on a small number of cases?" In H. -P. Blossfeld & G. Prein(Eds.), *Rational choice theory and large-scale data analysis*(pp. 129—145). Boulder, CO: Westview Press.

Lijphart, A. (1971). "Comparative politics and comparative method." *American Political Science Review*, *65*, 682—693.

Lijphart, A. (1975). "The comparable-cases strategy in comparative research." *Comparative Political Studies*, *8*, 158—177.

Lustick, I. (1996). "History, historiography, and political science: Multiple historical records and the problem of selection bias." *American Political Science Review*, *90*, 605—618.

Maclntyre, A. (1972). "Is a science of comparative politics possible?" In P. Laslett, W. Runciman, & Q. Skinner(Eds.), *Philosophy, politics and society: Four series: A collection*(pp. 8—26). Oxford, UK: Blackwell.

Mackie, J. (1965). "Causes and conditions." *American Philosophical Quarterly*, *24*, 245—264.

Mackie, J. (1985). *Logic and knowledge: Selected papers*. Oxford, UK:

Oxford University Press.

Mahoney, J. (2000). "Strategies of causal inference in small-N analysis." *Sociological Methods and Research*, *28*, 387—424.

Mahoney, J. (2003). "Strategies of causal assessment in comparative historical analysis." In J. Mahoney & D. Rueschemeyer(Eds.), *Comparative historical analysis in the social sciences* (pp. 337—342). Cambridge, UK: Cambridge University Press.

Mahoney, J. (2004). "Comparative-historical methodology." *Annual Review of Sociology*, *30*, 81—101.

Mahoney, J., & Goertz, G. (2004). "The possibility principle: Choosing negative cases in comparative research." *American Political Science Review*, *98*, 653—669.

Mahoney, J., & Rueschemeyer, D. (Eds.). (2003). *Comparative historical analysis in the social sciences*. Cambridge, UK: Cambridge University Press.

McDermott, R. (1985). *Computer-aided logic design*. Indianapolis, IN: Howard W. Sams.

Meadow, C. (1992). *Text information retrieval systems*. San Diego, CA: San Diego Academic Press.

Meckstroth, T. (1975). "'Most different systems' and 'Most similar systems': A study in the logic of comparative inquiry." *Comparative Political Studies*, *8*, 133—157.

Menard, S. (2001). *Applied logistic regression analysis* (2nd ed.). Quantitative Applications in the Social Sciences, No. 106. Thousand Oaks, CA: Sage.

Mill, J. S. (1843/1875). *A system of logic: Ratiocinative and inductive: Being a connected view of the principles of evidence and the methods of scientific investigation*, Vol. 1 (9th ed.). London: Longmans, Green, Reader, & Dyer.

Moore, F. (Ed.). (1963). *Readings in cross-cultural methodology*. New Haven, CT: HRAF Press.

Moul, W. (1974). "On getting something for nothing: A note on causal models of political development." *Comparative Political Studies*, *7*, 139—164.

Nagel, E. (Ed.). (1950). *John Stuart Mill's philosophy of scientific method*. New York: Hafner.

Nagel, E. (1961). *The structure of science*. New York: Hartcourt, Brace, & World.

Nagel, E., Suppes, P., & Tarski, A. (Eds.). (1963). *Logic, methodology, and philosophy of science*. Stanford, CA: Stanford University Press.

Naroll, R. (1961). "Two solutions to Galton's problem." *Philosophy of Science*, *28*, 15—39.

Naroll, R. (1964). "A fifth solution to Galton's problem." *American Anthropologist*, *66*, 863—867.

Naroll, R. (1965). "Galton's problem: The logic of cross-cultural analysis." *Social Research*, *32*, 428—451.

Naroll, R. (1968). "Some thoughts on comparative method in cultural anthropology." In H. Blalock & A. Blalock(Eds.), *Methodology in social research*(pp. 236—277). New York: McGraw-Hill.

Naroll, R., & D'Andrade, R. (1963). "Two further solutions to Gallon's problem." *American Anthropologist*, *65*, 1053—1067.

Pampel, F. (2000). *Logistic regression: A primer*. Quantitative Applications in the Social Sciences, No. 132. Thousand Oaks, CA: Sage.

Parsons, T. (1949). *The structure of social action*. New York: Free Press.

Pennings, P., Keman, H., & Kleinnijenhuis, J. (2007). *Doing research in political science: An introduction to comparative methods and statistics* (2nd ed.). London: Sage.

Peters, G. (1998). *Comparative politics: Theory and methods*. London: Macmillan.

Popper, K. (1959). *The logic of scientific discovery*. New York: Basic Books.

Popper, K. (1989). *Conjectures and refutations: The growth of scientific knowledge*. London: Routledge.

Pryor, F. (1976). "The diffusion possibility method: A more general and simpler solution to Galton's problem." *American Ethnologist*, *3*, 731—749.

Przeworski, A., & Teune, H. (1970). *The logic of comparative social inquiry*. New York: Wiley Interscience.

Radcliffe-Brown, A. (1951). "The comparative method in social anthropology." *Journal of the Royal Anthropological Institute*, *81*, 15—22.

Radcliffe-Brown, A. (1958). *Method in social anthropology*. Chicago: University of Chicago Press.

Ragin, C. (1987). *The comparative method: Moving beyond qualitative and quantitative strategies*. Berkeley: University of California Press.

Ragin, C. (1997). "Turning the tables: How case-oriented research challenges variable-oriented research." *Comparative Social Research*, *16*, 27—42.

Ragin, C. (2000). *Fuzzy-set social science*. Chicago: The University of Chicago Press.

Ragin, C., & Becker, H. (Eds.). (1992). *What is a case? Exploring the foundations of social inquiry*. *Cambridge*, UK: Cambridge University Press.

Ragin, C., & Giesel, H. (2003). *User's guide to fuzzy-set/qualitative comparative analysis 1.1*. Tucson: Department of Sociology, University of Arizona.

Ragin, C., & Zaret, D. (1983). "Theory and method in comparative research: Two strategies." *Social Forces*, *61*, 731—754.

Ragin, C., Drass, K. A., & Davey, S. (2003). *Fuzzy-set/qualitative comparative analysis 1.1*. Tucson: Department of Sociology, University of Arizona.

Ross, M., & Homer, E. (1976). "Galton's problem in cross-national research." *World Politics*, *29*, 1—28.

Roth, C., Jr. (2004). *Fundamentals of logic design* (5th ed.). Belmont, CA: Thomson, Brooks, & Cole.

Rustow, D., & Erickson, K. (Eds.). (1991). *Comparative political dynamics: Global research perspectives*. New York: HarperCollins.

Sartori, G. (1970). "Concept misformation in comparative politics." *American Political Science Review*, *65*, 1033—1053.

Sartori, G. (1984a). "Guidelines for concept analysis." In G. Sartori (Ed.), *Social science concepts: A systematic analysis* (pp. 15—85). Beverly Hills, CA: Sage.

Sartori, G. (Ed.). (1984b). *Social science concepts: A systematic analysis*. Beverly Hills, CA: Sage.

Sartori, G. (1991). "Comparing and miscomparing." *Journal of Theoretical Politics*, *3*, 243—257.

Sigelman, L. (1977). "How to succeed in political science by being very trying: A methodological sampler. *Political Science and Politics*, *10*, 302—304.

Sjoberg, G. (1955). "The comparative method in the social sciences." *Philosophy of Science*, *22*, 106—117.

Skocpol, T. (1979). *States and social revolutions: A comparative analysis of France, Russia, and China*. Cambridge, UK: Cambridge University Press.

Skocpol, T. (1984a). "Emerging agendas and recurrent strategies in historical sociology." In T. Skocpol (Ed.), *Visions and methods in historical sociology* (pp. 356—391). Cambridge, UK: Cambridge University Press.

Skocpol, T. (Ed.). (1984b). *Visions and methods in historical sociology*. Cambridge, UK: Cambridge University Press.

Skocpol, T., & Somers, M. (1980). "The uses of comparative history in macrosocial inquiry." *Comparative Studies in Society and History*, *22*, 174—197.

Smelser, N. (1966). "Notes on the methodology of comparative analysis of economic activity." *In Transactions of the Sixth World Congress of Sociology* (pp. 101—117). Evian: International Social Science Association.

Smelser, N. (1973). "The methodology of comparative analysis." In D. Warwick & S. Osherson (Eds.), *Comparative research methods* (pp. 42—86). Englewood Cliffs, NJ: Prentice Hall.

Smelser, N. (1976). *Comparative methods in the social sciences*. Englewood Cliffs, NJ: Prentice Hall.

Stinchcombe, A. (1978). *Theoretical methods in social history*. New York: Academic Press.

Strauss, D., & Orans, M. (1975). "Mighty shifts: A critical appraisal of solutions to Galton's problem and a partial solution." *Current Anthropology*, *16*, 573—594.

Swanson, G. (1971). "Frameworks for comparative research: Structural anthropology and the theory of action." In I. Vallier (Ed.). *Comparative methods in sociology: Essays on trends and applications* (pp. 141—202). Berkeley: University of California Press.

Sztompka, P. (1988). "Conceptual frameworks in comparative inquiry: Divergent or convergent?" *International Sociology*, *3*, 207—218.

Teune, H., & Ostrowski, K. (1973). "Political systems as residual variables: Explaining differences within systems." *Comparative Political Studies*, *6*, 3—21.

Thrupp, S. (1970). "Diachronic methods in comparative politics." In R. Holt & J. Turner(Eds.), *The methodology of comparative research* (pp. 343—358). New York: Free Press.

Tilly, C. (1975a). "Reflections on the history of European state making." In C. Tilly(Ed.), *National states in Western Europe* (pp. 3—83). Princeton, NJ: Princeton University Press.

Tilly, C. (Ed.). (1975b). *National states in Western Europe*. Princeton, NJ: Princeton University Press.

Tilly, C. (1984). *Big structures, large processes, huge comparisons*. New York: Russel Sage Foundation.

Tylor, E. (1889). "On a method for investigating the development of institutions applied to the laws of marriage and descent." Reprinted in F. Moore(Ed.), *Readings in cross-cultural methodology* (pp. 245—272). New Haven, CT: HRAF Press.

Vallier, I. (Ed.). (1971). *Comparative methods in sociology: Essays on trends and applications*. Berkeley: University of California Press.

van Deth, J. (Ed.). (1998). *Comparative politics: The problem of equivalence*. London: Routledge.

von Wright, G. (1951). *A treatise on induction and probability*. London: Routledge & Keagan Paul.

Warwick, D., & Osherson, S. (Eds.). (1973). *Comparative research methods*. Englewood Cliffs, NJ: Prentice Hall.

Wellhofer, S. (1989). "The comparative method and the study of development, diffusion, and social change." *Comparative Political Studies*, *22*, 315—342.

Zadeh, L. (1965). "Fuzzy sets." *Information Control*, *8*, 338—353.

Zelditch, M., Jr. (1971). "Intelligible comparisons." In I. Vallier(Ed.), *Comparative methods in sociology: Essays on trends and applications* (pp. 267—307). Berkeley: University of California Press.

译名对照表

classification	分类
comparative method	比较法
conceptual stretching	概念扭曲
configuration	构型
conjunction(Boolean multiplication)	联合(布尔乘法)
deduction	演绎
deterministic relationship	决定性关系
dichotomization	二分法
disjunction(Boolean addition)	析取(布尔加法)
equivalence	等价
experimental method	实验法
extension	外延
induction	归纳
intension	内涵
ladder of abstraction	抽象性阶梯
Most Different System Design(MDSD)	差异最大设计
Most Similar System Design(MSSD)	差异最小设计
multicollinearity	(历史的)多重共线性
multiple causation	多重因果性
necessary condition	必要条件
negation	非
negative case	反例,反面案例
overdetermination	过度决定
probabilistic relationship	概率性关系
Qualitative Comparative Analysis(QCA)	定性比较研究
selection bias	选择性偏误
statistical method	统计方法
sufficient condition	充分条件
randomization	随机化
taxonomy	分类学
truth table	真值表
typology	类型学

图书在版编目(CIP)数据

基于布尔代数的比较法导论/(瑞士)卡拉曼尼(Caramani, D.)著;蒋勤译.—上海:格致出版社:上海人民出版社,2012
(格致方法·定量研究系列)
ISBN 978-7-5432-2165-9

Ⅰ.①基… Ⅱ.①卡… ②蒋… Ⅲ.①布尔代数-比较法 Ⅳ.①O153.2

中国版本图书馆 CIP 数据核字(2012)第 213764 号

责任编辑　罗　康

格致方法·定量研究系列
基于布尔代数的比较法导论
[瑞士]丹尼尔·卡拉曼尼 著
蒋　勤 译

出　　版 世纪出版集团 www.ewen.cc　格致出版社 www.hibooks.cn　上海人民出版社
(200001 上海福建中路193号24层)

编辑部热线 021-63914988
市场部热线 021-63914081

发　　行 世纪出版集团发行中心
印　　刷 浙江临安曙光印务有限公司
开　　本 920×1168 毫米 1/32
印　　张 5.25
字　　数 101,000
版　　次 2012 年 10 月第 1 版
印　　次 2012 年 10 月第 1 次印刷
ISBN 978-7-5432-2165-9/C·88
定　　价 15.00 元

Introduction to the Comparative Method with Boolean Algebra
English language edition published by SAGE Publications of Oaks, London, New Delhi, Singapore and Washington D. C., © 2009 by SAGE Publications, Inc.

This simplified Chinese edition for the People's Republic of China is published by arrangement with SAGE Publications, Inc. © SAGE Publications, Inc. & TRUTH & WISDOM PRESS 2012.

上海市版权局著作权合同登记号:图字 09-2009-549